Margery Brown **Geflechte für Sitzmöbel**

Geflechte für Sitzmöbel

Margery Brown

Verlag Th. Schäfer

Aus dem Englischen übersetzt von Peter Müller
Lektorat: Dr. Joachim F. Baumhauer

ISBN 3-88746-280-7
Best.-Nr. 9104

Die englische Originalausgabe ist erschienen bei
B.T. Batsford Ltd., 4. Auflage, London 1989

Gesamtherstellung:
Th. Schäfer Druckerei GmbH, Hannover

Inhalt

Danksagung

Ich bedanke mich bei der Edward-James-Stiftung, Mrs. O. N. Boniface, Mrs. A. Fordham, Mr. J. C. Guy und Mrs. Piper für die freundliche Leihgabe von Stühlen für die Illustrationen. Mr. J. W. Brown, Mr. Peter Stevens in Poole, Dorset, und Mr. C. Paul Wilson in Emsworth, Hampshire, sage ich Dank für die mir zur Verfügung gestellten Fotos. Ebenso gilt mein Dank der Zeitschrift *Womancraft,* deren Material ich benutzen durfte.

Margery Brown

Zu diesem Buch

Wer hat ihn nicht im Haus, den schönen alten Stuhl, der eigentlich noch ganz in Ordnung ist, aber dessen Sitz und Rücken aus Rohrgeflecht völlig unbrauchbar geworden sind? Oder den Hocker, bei dem die Binsenbespannung ein wahres Trauerspiel darstellt? *Geflechte für Sitzmöbel* will hier Abhilfe schaffen. Am Beispiel verschiedener Stühle, Sessel und Schemel werden leicht verständlich Techniken zur Herstellung von Geflechten aus Rohr, Binsen, Weide und verschiedenen Schnüren beschrieben. Dies sind in erster Linie Geflechte aus Naturmaterialien. Binsen und Weiden sind in Mitteleuropa heimisch, man verwendete sie schon früh zum Flechten von Sitzflächen. Der *Sprossenstuhl* mit seinem binsenbespannten Sitz war ursprünglich ein Bauernstuhl, der in vielen europäischen Ländern heimisch war. Um 1800 fand er Eingang in fürstliche und bürgerliche Salons, ab der zweiten Hälfte des 19. Jahrhunderts verbreitete ihn die Stuhlindustrie, nicht zuletzt seiner einfachen Konstruktion wegen.

Das Rohr der ostindischen Rattanpalme ist bei uns eine Importware. Im 16. Jahrhundert wurde es in China modern, Stuhlsitze mit der äußeren, vom Kern abgespaltenen Schale des *Rattan* auszuflechten. Durch chinesische Händler verbreitete sich diese Technik in ganz Südostasien. Angehörige der niederländischen Kolonialhandelsgesellschaft führten sie in Europa ein. Man verwendete das importierte Rattanrohr hauptsächlich für geflochtene Sitze, Rücken- und Armlehnen, dann auch für Liegen, Sofas sowie Kopf- und Fußteile von Betten. Solche Rohrgeflechte waren im 17. und frühen 18. Jahrhundert in England, Deutschland, den Niederlanden, Frankreich und sogar in Amerika beliebt. Sie blieben zunächst wohlhabenderen Personenkreisen vorbehalten, da das importierte Flechtmaterial teuer war. Ab 1750 erlebten die Rohrgeflechte nicht nur in England eine Renaissance. Dann erreichte ihre Verbreitung einen Höhepunkt mit den Bugholzmöbeln. Das Verfahren zum Biegen von Holz hatte Thonet kurz vor 1850 entwickelt; besonders seit der Wende zu unserem Jahrhundert eroberten die Wiener *Bugholzstühle* mit Rohrgeflechten Gaststätten, Cafés, Geschäfts- und Wohnräume.

Geflechte für Sitzmöbel ist ein Buch, das von einer britischen Autorin geschrieben wurde. Dabei kommen einige der beschriebenen Techniken vom Kontinent, etwa aus Frankreich oder den skandinavischen Ländern. Außerdem entspricht ein Teil der bei uns gebräuchlichen Methoden durchaus den englischen. In erster Linie jedoch stammen die im Buch gezeigten Beispiele historischer Sitzmöbel aus England. Diese Ausrichtung auf englische Möbel ist bei der Thematik durchaus kein Nachteil. Besonders im 19. Jahrhundert fertigte man in Deutschland Möbel nach englischen oder französischen Vorbildern; darüber hinaus sind antike englische Möbel noch heute bei uns beliebt.

Die Bechreibungen der Autorin verstehen sich als Einführung in die grundlegenden Techniken. Das Buch kann daher von Lernenden und Lehrenden in der Erwachsenenbildung oder der Berufsausbildung benutzt werden, dort kursbegleitende Lektüre sein. Das Buch läßt sich aber genauso von denen verwenden, die für sich allein die Techniken erlernen möchten. Die beschriebenen Techniken stellen dabei in der Regel nur einen von vielen möglichen Wegen dar. Die Methoden der Flechtkunst haben sich in bestimmten Regionen unterschiedlich entwickelt, für Arbeitsweisen, Formen und Materialien bestehen ausgeprägte regionale Vorlieben. In der Flechtkunst können durchaus unterschiedliche Methoden zu ein und demselben Ergebnis führen und gleichwertig nebeneinander bestehen. Das Buch kann hier erste Anregungen geben — je mehr der Lernende in die Materie einsteigt, um so mehr Variationsmöglichkeiten in den Mustern und Arbeitstechniken wird er entdecken.

Zu der im Buch verwendeten Terminologie, die bei uns von Landstrich zu Landstrich durchaus verschieden sein kann: Verwendet wurden Begriffe, die allgemein verständlich sind, zusätzliche Wort- und Begriffserklärungen am Ende des Buches erleichtern das Verständnis. Die Materialangaben des Buches dürften keine Schwierigkeiten bereiten. Bei den einheimischen Pflanzen, die für Geflechte verwendet werden, bestehen zwischen England und Deutschland kaum Unterschiede. Bei Importware ist zu beachten, daß sie in unterschiedlichen Qualitäten und Abpackungsgrößen und möglicherweise unter verschiedenen Bezeichnungen eingeführt wird. Es empfiehlt sich, den benötigten Bedarf von einem Bastelgeschäft oder einem Korbmacherbetrieb zu beziehen, dabei die Größe des Sitzmöbels und das gewünschte Material anzugeben. Sicherlich kann Sie ein gewerbsmäßiger Korbflechter auch zu einzelnen Techniken beraten.

Einführung

Die Geschichte der Sitzmöbel ist faszinierend — es ergeht einem hier wie mit anderen Sachgebieten: Je mehr man herausfindet, desto mehr lernt man dazu. Wir benutzen heute Stühle in unseren Wohnhäusern wie selbstverständlich, im Mittelalter waren sie jedoch noch kaum anzutreffen. Wenn wir alte Drucke und Zeichnungen von Herrenhäusern jener Zeit studieren, finden wir in der Halle nur Schemel und Bänke, die für die Familie und die Hausbediensteten bestimmt waren. Wahrscheinlich würden wir nur einen einzigen Stuhl aus schwerer Eiche entdecken. Dieser ähnelte eher einer kleinen Bank oder Truhe und war mit einer geraden Lehne, manchmal auch schon mit Armlehnen ausgestattet. Dieser Stuhl war für den Hausherrn oder wichtige Gäste reserviert. Aus jener Zeit stammt vermutlich die Redewendung *den Vorsitz führen*. Noch unter der Herrschaft von Königin Elizabeth I. (zweite Hälfte des 16. Jahrhunderts) waren Stühle in England selten. Sie bestanden immer noch aus schwerer Eiche. Im Stil waren sie allerdings schon variationsreicher, und der Komfort spielte bereits eine größere Rolle. Dieser Trend setzte sich unter der folgenden Regentschaft und während des Commonwealth fort.

Zu dieser Zeit war Frankreich England weit voraus. Französische Kunsthandwerker waren, was Geschick und Technik anging, fortgeschrittener und experimentierten bereits mit vielen verschiedenen Hölzern und Materialien. Als Charles II. aus Frankreich zurückkehrte, um 1660 erneut den Thron zu besteigen, brachte er neue Ideen und modische Trends mit. Der Zeitgeschmack hatte sich von den dunklen, schweren Möbeln gelöst, die lange Zeit in Gebrauch gewesen waren. Man wandte sich nun helleren, stilvolleren Formen zu und verarbeitete neben vielen verschiedenen anderen Holzsorten auch Buche und Walnuß. Mit diesen helleren Hölzern kamen auch Rohrbespannungen in Mode. Es wurden nicht nur Sitzflächen, sondern auch Lehnen, Tische und Kopfenden von Betten mit Rohrgeflecht ausgestattet. Dieser neue Möbelstil wurde sehr populär.

Das 18. Jahrhundert brachte große Möbeldesigner hervor, vor allem Chippendale machte sich einen Namen. Er entwarf einige der elegantesten und anmutigsten Möbelstücke, die je hergestellt wurden. Das Design seiner Stühle war auf Komfort ausgerichtet und bot dem Auge prächtiges Schnitzwerk an Lehnen und Beinen. Das *Akanthus-Blattwerk* ist ein Stilmittel, das sich häufig in seinen Arbeiten findet.

Heppelwhite folgte seinem Vorbild und setzte den Trend zu fröhlicheren und feineren Möbeln fort, indem er seine Arbeiten mit Intarsien aus mehrfarbigen Hölzern verzierte. Seine Stühle weisen häufig einen schildförmigen Rücken auf. Zur gleichen Zeit entwarf Sheraton schlichtere Stühle, häufig mit Sitzen oder Lehnen, die aus Rohr geflochten waren.

Heutzutage sind Stühle in allen Formen und Größen ein wesentlicher Bestandteil unserer Wohnungseinrichtungen. Viele Menschen besitzen schöne alte Stühle, deren Sitzflächen neu bespannt werden müßten. Oft ist es jedoch schwierig, jemanden zu finden, der in der Lage ist, diese Arbeit auszuführen.

Dieses Buch soll Kursteilnehmern, die sich in entsprechenden Institutionen mit dem Flechtwerk befassen und die verschiedene Techniken der Sitzbespannung weiterhin üben möchten, Hilfe und Ermutigung bieten. Gleichzeitig möchte ich das Handwerk all denen nahebringen, die sich bis jetzt noch nicht daran gewagt haben, aber es eigentlich schon immer einmal versuchen wollten. Die Verwendung natürlicher Materialien, von denen einige bei uns heimisch sind, das Flechten strapazierfähiger und ansprechender Sitze aus Binsen, Weidenruten oder Rohr, kann großes Vergnügen bereiten. Man erhält das Gefühl, wirklich etwas geleistet zu haben. Das Buch behandelt zum größten Teil die traditionellen Methoden, die sich im Laufe der Zeit bewährt haben, aber es kommen auch moderne Techniken vor, die Spielraum für neue Designs lassen.

Ich habe einen Teil des Buches Techniken mit China-Binsen und anderen Schnüren gewidmet. Sie bieten Freiraum für eine Vielfalt von Mustern und Stilen. Mit Hilfe der Anleitungen kann der Enthusiast durchaus auch mit den heute erhältlichen neuen Materialien experimentieren.

Rohrgeflecht

Sechs-Schritt-Muster

Das Rohr für Stuhlbespannungen wächst in den tropischen Gebieten Ostasiens und wird *Rattan* genannt. Es ist ein festes Gewächs mit dornigen, die umgebende Vegetation überwuchernden Ranken; es kann außerordentlich lang werden. Die innere Rinde mit einer sehr harten und blanken Oberfläche wird abgehobelt und unterschiedlich breit geschnitten. So erhält man das Flechtrohr für Sitzbespannungen. Das Innere einer solchen Liane mit einem Durchmesser von bis zu 25 mm wird als Mark bezeichnet. In verschiedene Stärken aufgeschnitten, benutzt man es als *Peddigrohr* unter anderem für Korbflechtwerk.

Sitzflächen zu bespannen ist nicht schwierig, solange mit Sorgfalt und Geduld gearbeitet wird. Eile ist nicht angebracht, da die Arbeit schrittweise erfolgt. Der erste Arbeitsgang muß erledigt sein, bevor man mit dem zweiten beginnt. Sie benötigen nur wenige Werkzeuge. Sind diese nicht verfügbar, läßt sich vieles improvisieren.

1 Sitz, im Sechs-Schritt-Muster geflochten

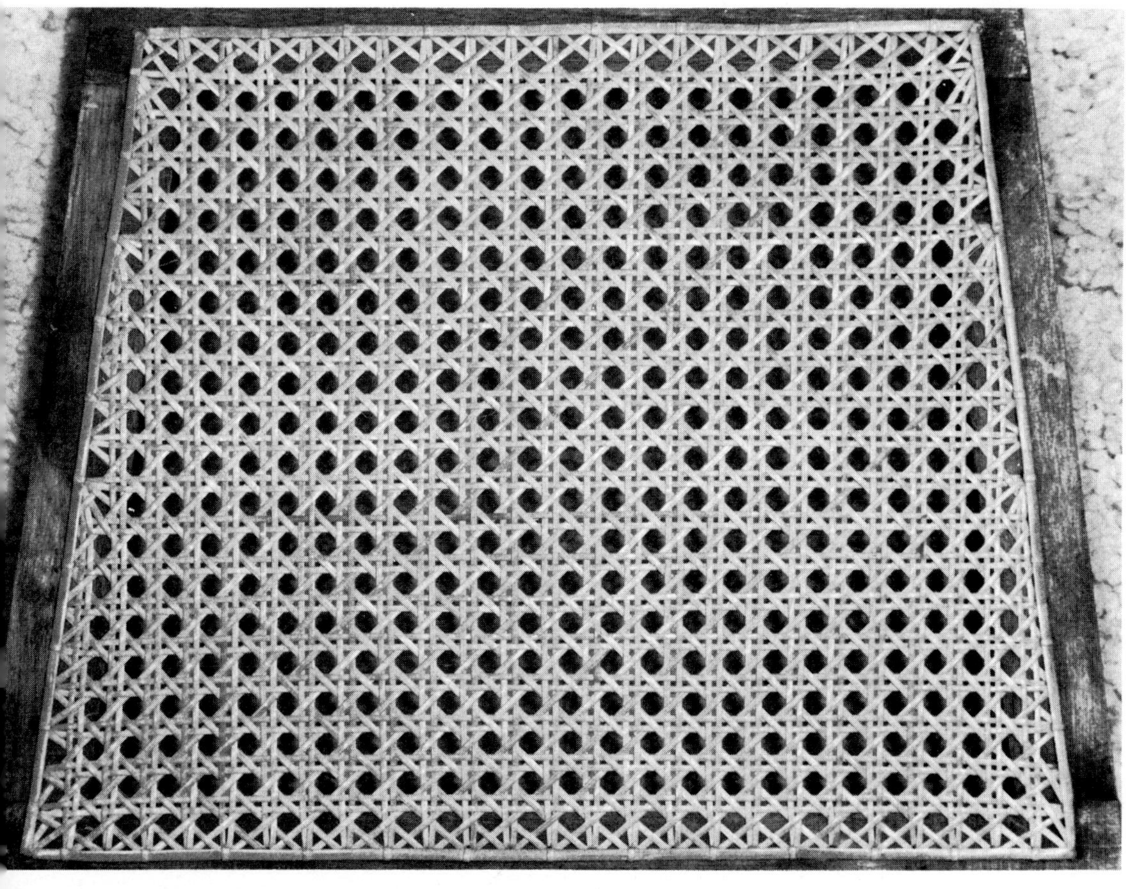

Werkzeuge zum Flechten von Sitzflächen aus Rohr

☐ ein scharfes Taschenmesser

☐ ein kleiner Hammer

☐ eine Schere oder ein Seitenschneider

☐ eine kleine Ahle oder ein Pfriem (12—15 cm)

☐ ein stumpfer Durchtreiber
Mit ihm treiben Sie die alten Pflöcke aus, um das zu ersetzende Rohr vom Stuhl entfernen und diesen neu bespannen zu können. Ein alter Schraubendreher, vorne abgeschnitten, um einen flachen Kopf zu erhalten, oder ein Nagel mit kleinem Kopf und einer Länge von ca. 50 mm, eignen sich auch für unsere Zwecke.

☐ Pflöcke oder Stifte.
Diese sind aus Holz, Weide oder Rattankern gefertigt und werden benötigt, um während der Arbeit die Rohrschienen in den Löchern festzuklemmen. Spitz zugeschnitten sind sie am sinnvollsten. Übrigens geben auch sogenannte Golf-Tees (beim Golfspiel zum Abschlag des Balles benutzte Stifte) gute Pflöcke ab.

☐ Rund- und Flachzangen
Sie sind neben einem Seitenschneider ebenfalls sehr brauchbar.

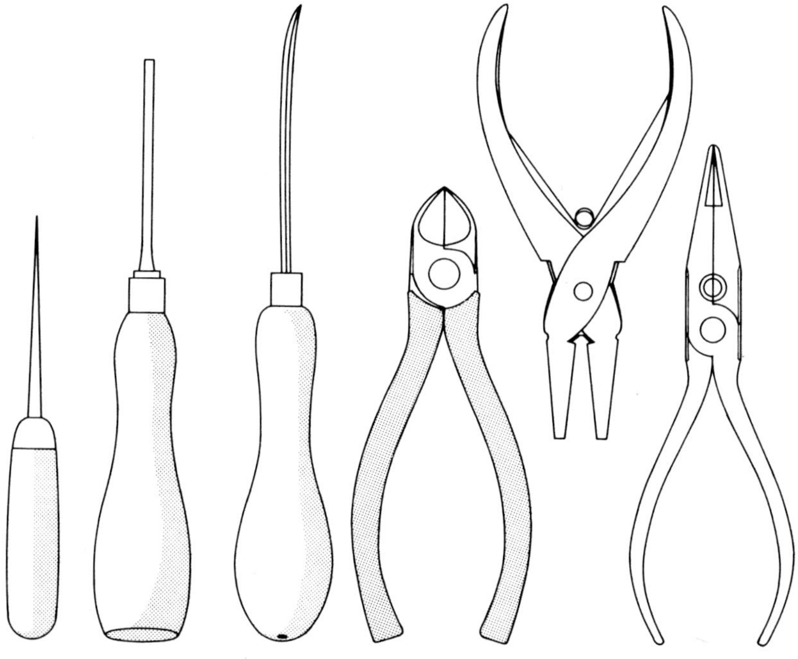

2 Werkzeuge für Sitzgeflechte aus Rohr (von links nach rechts): kleine Ahle, stumpfer Durchtreiber, kleines gebogenes Hohlkehleisen, Seitenschneider, Flachzange, Rundzange

Flechtrohr

In der Regel wird Rohr der Stärken Nr. 1 (sehr schmal) bis Nr. 6 verarbeitet. Nr. 6 hat eine Breite von bis zu 6 mm und wird meistens für die Verblendung der Löcher benutzt, wenn das Flechtwerk fertig ist. Unabhängig hiervon werden normalerweise zwei andere Rohrstärken benötigt, die ich auch für mein erstes Muster benutzen werde. Zu den hierzu notwendigen sechs Arbeitsschritten kommt die bereits erwähnte Randverblendung.

Die ersten vier Schritte werden mit Rohr der Stärke Nr. 2 ausgeführt, die letzten zwei mit Stärke Nr. 3. Die Wahl der Rohrstärke hängt von der Anordnung der Löcher ab. Diese kann bei unterschiedlichen Stühlen stark variieren. Bei einem *Bedroom chair* (typisch britischer Schlafzimmerstuhl) normaler Größe liegen die Löcher, zwischen ihren Mittelpunkten gemessen, in der Regel etwa 13 mm auseinander. Manchmal ist der Abstand bedeutend größer. Dann ist es besser, für die ersten vier Schritte die Rohrstärke Nr. 3 zu verwenden und Nr. 4 für die letzten beiden Arbeitschritte. Dadurch wird die Sitzfläche stabiler. Die glänzende Seite des Rohres ist immer die Oberseite.

Flechtrohr erhält man in Bündeln zu 250 Gramm, und diese sind, wenn Sie mehrere Stühle bespannen wollen, die kostengünstigste Einkaufsmöglichkeit. Heimwerkerläden verkaufen oft kleinere Bündel, in denen aber auch ausreichend Rohr verschiedener Größen vorhanden ist, um einen Stuhl zu bespannen. Manchmal ist ein solcher Einkauf sinnvoller.

Vor dem Gebrauch muß das Rohr eingeweicht werden. Wässern Sie niemals ein ganzes Bündel! Nehmen Sie ein paar Längen heraus, die Sie für zwei Minuten in kaltes oder lauwarmes Wasser tauchen. Anschließend wird das Rohr fünfzehn Minuten lang in ein feuchtes Tuch eingewickelt. Zur Verarbeitung entnehmen Sie jeweils nur ein Stück. Lassen Sie die restlichen Rohrschienen bis zu ihrer Verwendung eingeschlagen.

Zuerst müssen Sie die alte Bespannung entfernen. Schneiden Sie vorsichtig mit einem scharfen Messer an der Innenseite des Rahmens entlang, so daß der größte Teil der alten Bespannung entfernt wird. Diese bewahren Sie auf, um sie später im Zweifelsfalle als Vorlage verwenden zu können. Schneiden Sie die Verblendung — falls vorhanden — über den Löchern ab. Wahrscheinlich entdecken Sie in jedem zweiten Loch einen kleinen Pflock. Diese Pflöckchen können Sie mit dem Durchtreiber und einem Hammer herausschlagen. Jedes Loch muß vollständig gesäubert und von alten Pflöcken und Rohrresten befreit werden. Leimreste können Sie notfalls sauber ausbohren. Sollten sich an dem Möbelstück Spuren von Holzwurmlöchern oder alter abblätternder Farbe befinden, behandeln Sie das Holz, bevor Sie mit der Flechtarbeit beginnen.

Bei den letzten drei Arbeitsgängen kann eine kleine Ahle oder ein Pfriem hilfreich sein, um die Rohrenden leichter einfädeln zu können, ich selbst habe allerdings diese Werkzeuge bisher nie benötigt, da ich am liebsten nur mit bloßen Fingern arbeite. Aber dies ist eine ganz persönliche Entscheidung. Ich finde, ein kleines Hohlkehleisen ist ein sehr brauchbares Werkzeug, besonders beim Flechten der beiden diagonalen Arbeitsgänge. Damit kann man sehr leicht das Rohrwerk vom Rahmen abheben, um die diagonalen Schienen unter dem Geflecht durchzuziehen.

Das Sechs-Schritt-Muster wird, wie der Name schon sagt, in sechs Arbeitsschritten ausgeführt. Die letzten drei Rohrlagen werden verflochten, wodurch die Sitzfläche große Stabilität erhält (siehe Abb.1). Die Reihenfolge der Arbeitsschritte können Sie den letzten Seiten dieses Buches entnehmen.

Material

- ☐ Rohr der Größe Nr. 2 für die ersten vier Schritte
- ☐ Rohr der Größe Nr. 3 für die letzten zwei Schritte
- ☐ Rohr der Größen Nr. 6 zum Verblenden und Nr. 2 zum Verschnüren der Verblendung

Schritt 1

Wenn Sitzfläche und Rohr vorbereitet sind, können Sie mit der Arbeit beginnen. Markieren Sie die mittleren Löcher der hinteren und der vorderen Querzarge Ihres Stuhlrahmens. Sollte die Anzahl der Löcher gerade sein und deshalb kein Mittelloch existieren, markieren Sie zwei Löcher vorn und zwei hinten. Nehmen Sie eine lange Rohrschiene der Stärke Nr. 2, ziehen Sie diese bis zur Hälfte durch das markierte Loch der hinteren Zarge nach unten durch, und pflocken Sie das Rohr darin vorläufig fest. Nun befindet sich die Hälfte Ihrer Rohrschiene oberhalb des Rahmens, die andere Hälfte darunter. Benutzen Sie nun das obere Ende zuerst. Führen Sie es geradewegs zur vorderen Zarge und fädeln es durch das dort markierte Loch nach unten. Dann führen Sie das Rohr entweder durch das nächstgelegene linke oder rechte Loch – je nachdem, welches Sie bevorzugen – nach oben (siehe Abb. 3).

Während Sie das Rohr durch die Löcher fädeln, lassen Sie es stets durch ihre Finger gleiten, um sicherzugehen, daß die richtige Seite oben liegt, und zwar sowohl auf der Ober-, als auch auf der Unterseite des Rahmens. Dieser Handgriff ist äußerst wichtig, um Verzwirbelungen zu vermeiden. Bei Arbeitsbeginn ist es noch sehr einfach, das Rohr richtig zu legen. Wenn es sich allerdings erst einmal verdreht hat, ist eine Korrektur bei späteren Arbeitsgängen praktisch unmöglich. Sie können sich viel Ärger ersparen, wenn Sie von Anfang an sorgfältig arbeiten.

Ziehen Sie nun das Rohr von der vorderen Zarge nach hinten, dann hinunter durch das gegenüberliegende Loch, danach hoch durch die danebenliegende Öffnung und anschließend wieder nach vorne. Setzen Sie Ihre Arbeit auf diese Weise fort, bis Sie Ihre Rohrschiene aufgebraucht haben. Nun nehmen Sie das andere Ende und verfahren damit auf dieselbe Weise, wobei auch hier das Ende verpflockt wird. Bei jedem Arbeitsschritt klemmen Sie das Rohr mit einem Hilfspflock im erreichten Loch fest, damit es stramm bleibt, während Sie zur nächsten Öffnung übergehen. Die Pflöcke stecken Sie während der Arbeit fortlaufend weiter. Nur die am Ende einer Rohrschiene bleiben stecken, wobei die Endzipfel auf der Unterseite des Rahmens herausragen. Wenn Sie ein neues Stück Rohr ansetzen, pflocken Sie es auf der gegenüberliegenden Seite fest und lassen ein Ende von ca. 8 cm auf der Unterseite überstehen. Fahren Sie so fort, bis alle Löcher der hinteren Zarge mit Ausnahme der Ecklöcher belegt sind; diese bleiben bis zum fünften Arbeitsgang leer.

Jetzt stellen Sie möglicherweise fest, daß an der Frontseite einige Löcher freigeblieben sind. Setzen Sie Ihre Arbeit fort, wie in Abb. 4 vorgeführt. Denken Sie daran, daß die glänzende Seite des Rohres immer nach oben weist. Auch auf der Unterseite muß die Passage von einem Loch zum anderen mit der richtigen Rohrseite nach oben ausgeführt werden! Dies geht am leichtesten, wenn das Rohr im Loch eine halbe Drehung erhält. Ziehen Sie das Rohr nicht so fest, damit am Anfang noch ein wenig Spiel bleibt. Erst bei späteren Arbeitsgängen wird mehr Spannung erforderlich.

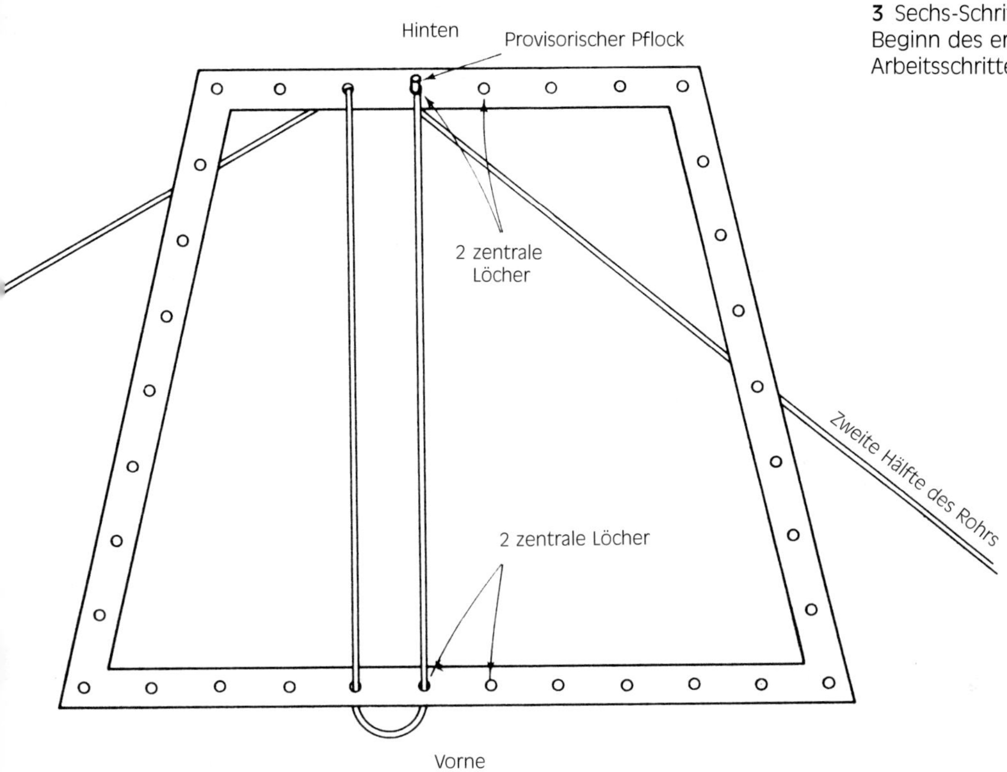

3 Sechs-Schritt-Muster, Beginn des ersten Arbeitsschrittes

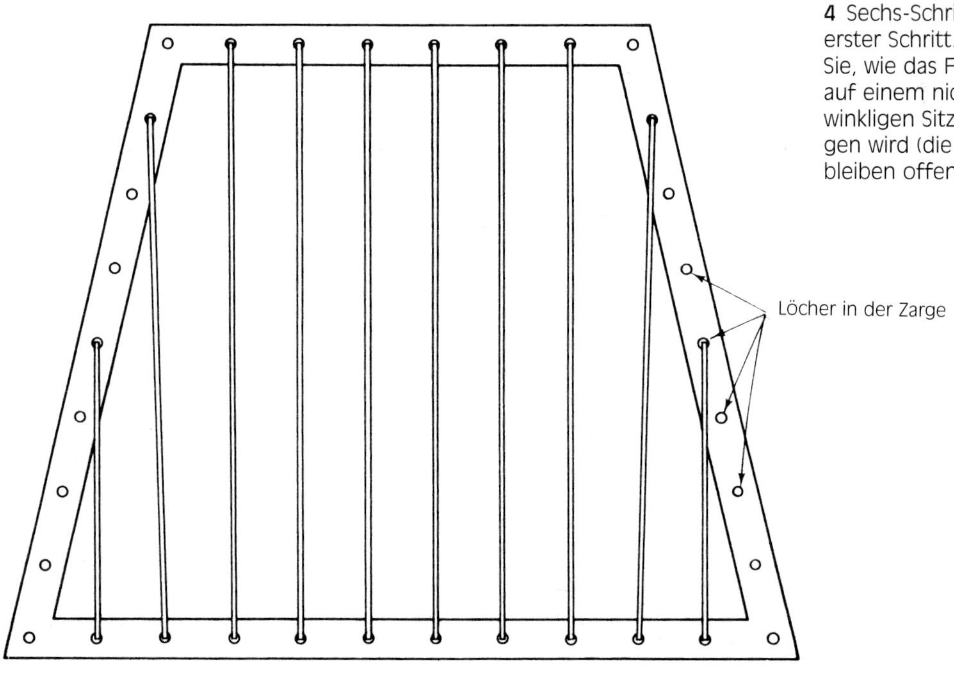

4 Sechs-Schritt-Muster, erster Schritt. Beachten Sie, wie das Flechtrohr auf einem nicht rechtwinkligen Sitz eingezogen wird (die Löcher bleiben offen)

Schritt 2

Der zweite Arbeitsgang wird auf dieselbe Weise ausgeführt wie der erste. Das Rohr wird zwischen der rechten und linken Zarge verspannt. Diese Rohrlage liegt auf der ersten auf. Die Ecklöcher bleiben frei.

Schritt 3

Der dritte Arbeitsgang ist die Wiederholung des ersten, wobei jedoch dieses Mal die Rohrlage des zweiten Schrittes überspannt wird. Versuchen Sie bei dieser Arbeit die erste Bespannung leicht nach links zu drücken, so daß diese Schicht rechts von der ersten liegt und nicht direkt auf ihr. Wenn Sie so vorgehen, wird der vierte Arbeitsschritt bedeutend erleichtert, weil Sie jetzt schon das Rohr optimal zum Einflechten der vierten Schicht gelegt haben. Der erste und dritte Arbeitsgang erfüllen dieselbe Funktion wie die Kettfäden beim Weben.

Schritt 4

Dieser Arbeitsschritt muß besonders sorgfältig ausgeführt werden, da sonst das nachfolgende Diagonalgeflecht nicht richtig liegt. Beginnen Sie an der rechten Zarge. Pflocken Sie eine neue Rohrschiene im ersten Loch neben dem vorderen Eckloch fest, und flechten Sie über der ersten und unter der zweiten Rohrschiene eines jeden vertikalen Paares hindurch. Diese Arbeit führt man am besten aus, indem man eine Hand über die Bespannung und die andere Hand unter sie hält. Führen Sie ein kurzes Stück Rohr mit den Fingern von einer Hand in die andere, um die entsprechenden Rohrschienen zu verflechten. Bearbeiten Sie nicht mehr als vier oder fünf vertikale Paare auf einmal. Ziehen Sie dann zunächst die Rohrschiene vorsichtig ganz durch. Versuchen Sie nicht, die ganze Rohrlänge auf einmal auf der gesamte Sitzbreite einzuflechten. Durch die starke Reibung reißt sonst die Vertikalbespannung sehr leicht. Führen Sie Reihe für Reihe auf diese Weise aus, so daß die Rohre am Ende ein Flechtmuster bilden.

Schritt 5 (erste Diagonale), Rohrstärke Nr. 3

Beginnen Sie am rechten hinteren Eckloch. Pflocken Sie Ihre Rohrschiene fest, wobei Sie 8 cm unter dem Sitz überstehen lassen. Lassen Sie die gesamte Länge durch Ihre Finger laufen und führen Sie den Strang dann nach links über das erste vertikale Rohrpaar, dann geradewegs unter das horizontale Paar. Danach flechten Sie wieder nach links über das zweite vertikale Paar und wieder über das horizontale Paar. Fahren Sie so fort, bis Sie an der linken Längszarge ankommen. Achten Sie darauf, wie in Schritt 4 empfohlen, daß sich das Rohr nicht verdrillt. Arbeiten Sie mit einem kurzen Rohrstück zwischen vier Rohrpaaren herauf und herunter, wobei Sie es senkrecht zwischen Ihren Händen hin und her führen. Passen Sie auf, daß sich keine Schlaufen bilden! Sollte es trotzdem einmal passieren, halten Sie mit der rechten Hand vorsichtig die Schlaufe, während Sie mit der linken die Rohrschiene langsam durchziehen.

Möglicherweise kommen Sie nicht genau in der linken Ecke heraus — dies ist abhängig von Form und Größe des Stuhles. Es sollte aber eine richtige Diagonale entstehen, die entweder an der linken Längs- oder an der Frontzarge herauskommt. Ziehen Sie das Rohr durch das benachbarte Loch, und arbeiten Sie sich nach rechts vor, und zwar auf dieselbe Weise, wie Sie mit der vorherigen Schiene verfahren sind. Beachten Sie, daß sie exakt parallel zur ersten liegt (siehe Abb. 5). Es ist sehr wichtig, daß Sie kein Loch der vorderen oder hinteren Zarge auslassen. Wenn die Form des Sitzes Korrekturen des Musters erfordert, sollten diese an den Längszargen erfolgen. Stecken Sie dann entweder zwei Enden in ein Loch, oder lassen eines aus.

Bei einem gewöhnlichen Schlafzimmerstuhl werden normalerweise auf einer Seite zwei Löcher ausgelassen. Auf der anderen Seite dagegen erhalten zwei Löcher zwei Rohrschienen gleichzeitig. Vervollständigen Sie diese Diagonalen nun über die gesamte Sitzfläche. Wenn Sie korrekt gearbeitet haben, gehen die letzetn Rohrschienen genau über die Ecken.

Schritt 6 (zweite Diagonale)

Diese Diagonale wird von der hinteren linken zur rechten vorderen Ecke geführt. Sie arbeiten wie bei Schritt 5, nur exakt umgekehrt. Wo Sie zuvor die vertikalen Rohrschienen überquert haben, müssen Sie nun unter ihnen hindurch. Wo Sie unter den horizontalen Rohrschienen waren, müssen Sie nun das Rohr über diese hinweg führen. Die Anpassungen an den Längszargen sind auch entsprechend umgekehrt. Wo Sie bei der ersten Diagonalen ein Loch ausgelassen haben, müssen Sie jetzt zwei Schienen durchführen (siehe Abb. 1 und 12). Wenn Sie die Zeichnungen sorgfältig studieren, sehen Sie, daß die Diagonalen in den kleinen Schlitzen verlaufen, die durch die ersten vier Arbeitsgänge entstanden sind. Beachten Sie, wie die Korrekturen an den Längszargen ausgeführt werden. In Abb. 8 sehen Sie eine falsche und eine

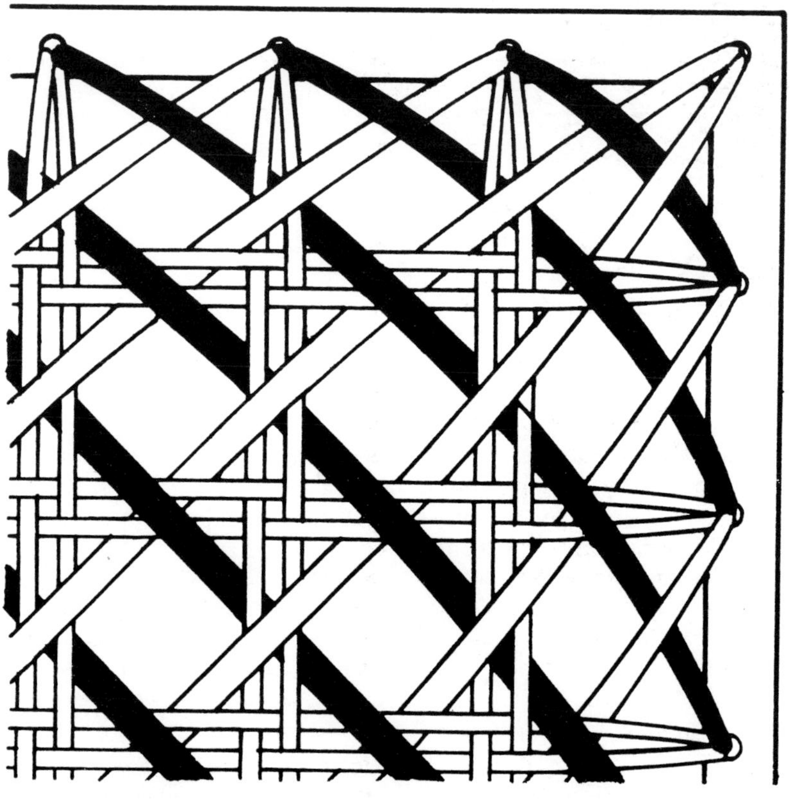

5 Das Sechs-Schritt-Muster, Details des Endes der Diagonalen in einer Ecke

6 Ein fertig verpflockter Stuhlsitz im Sechs-Schritt-Muster

richtige Arbeitsweise: (A) ist falsch, (B) ist richtig. Wenn Sie es falsch machen, reiben sich die Stränge dort, wo sie sich kreuzen, sehr stark aneinander. Das bedeutet schnellen Verschleiß.

Wenn Sie beim vierten Arbeitsgang wegen der Sitzform oder der Plazierung der Löcher Schwierigkeiten dabei haben, vor den Rohrschienen des zweiten Arbeitsganges zu flechten, dann können Sie durchaus auch hinter ihnen arbeiten, solange jede Reihe in derselben Weise ausgeführt wird und ein Flechtmuster entsteht. Die Diagonalen müssen dann allerdings auch umgekehrt eingezogen werden. Weiterhin müssen Sie bei Schritt 5, wie schon erklärt, im hinteren rechten Loch anfangen, aber in diesem Falle *unter* den Vertikalen hindurch und *über* die Horizontalen hinweg flechten. Die Rohrschienen des sechsten Arbeitsschrittes beginnen ebenfalls im hinteren linken Loch und werden *über* die Vertikalen hinweg und *unter* den Horizontalen hindurch geflochten. Dadurch ist sichergestellt, daß die Diagonalen in den kleinen Schlitzen mit wenig Reibung verlaufen (siehe Abb. 8).

Endarbeiten

Es gibt zwei Möglichkeiten, die Arbeit zu vervollständigen. Erstens: Sie können jedes Loch mit einem verbleibenden Pflock verschließen – bei antiken Stühlen verfuhr man oft auf diese Weise. Sie müssen die Pflöcke ein wenig kürzer anfertigen, als der Rahmen dick ist, so daß sie nicht an der Unterseite herausragen. Sie sollten sehr fest sitzen, damit die Rohrschienen sicher gehalten werden. Stecken Sie den Pflock ins Loch, und schlagen Sie ihn mit dem Hammer leicht ein. Danach nehmen Sie den Durchstecher und schlagen mit seiner Hilfe die Pflöcke bis knapp unter die Oberfläche des Rahmens ein. Schlagen Sie niemals nur mit dem Hammer, da Sie sonst den Lack, die Politur oder das Rohr beschädigen könnten. Wenn jedes Loch auf diese Art verschlossen wurde, schneiden Sie alle Rohrenden auf der Unterseite des Stuhles sauber ab. Danach ist Ihre Arbeit vollendet (siehe Abb. 6).

Zweitens: Die Löcher werden mit breiterem Rohr verblendet. In diesem Fall wird jedes zweite Loch – immer von der Ecke aus gezählt – verpflockt. Die Ecklöcher bleiben zunächst alle offen. Wenn Sie überprüfen, welche Löcher verpflockt und welche offen bleiben sollen, werden Sie möglicherweise feststellen, daß Sie eine gerade Anzahl von Löchern vorfinden und sich daher offene und geschlossene Bohrungen nicht gleichmäßig abwechseln können. In diesem Fall zählen Sie immer von den Ecken zur Mitte, so daß Sie dort entweder zwei offene oder zwei geschlossene Löcher nebeneinander haben. Markieren Sie die Löcher, die verpflockt werden sollen, und lassen Sie in jedem Fall die Ecklöcher offen.

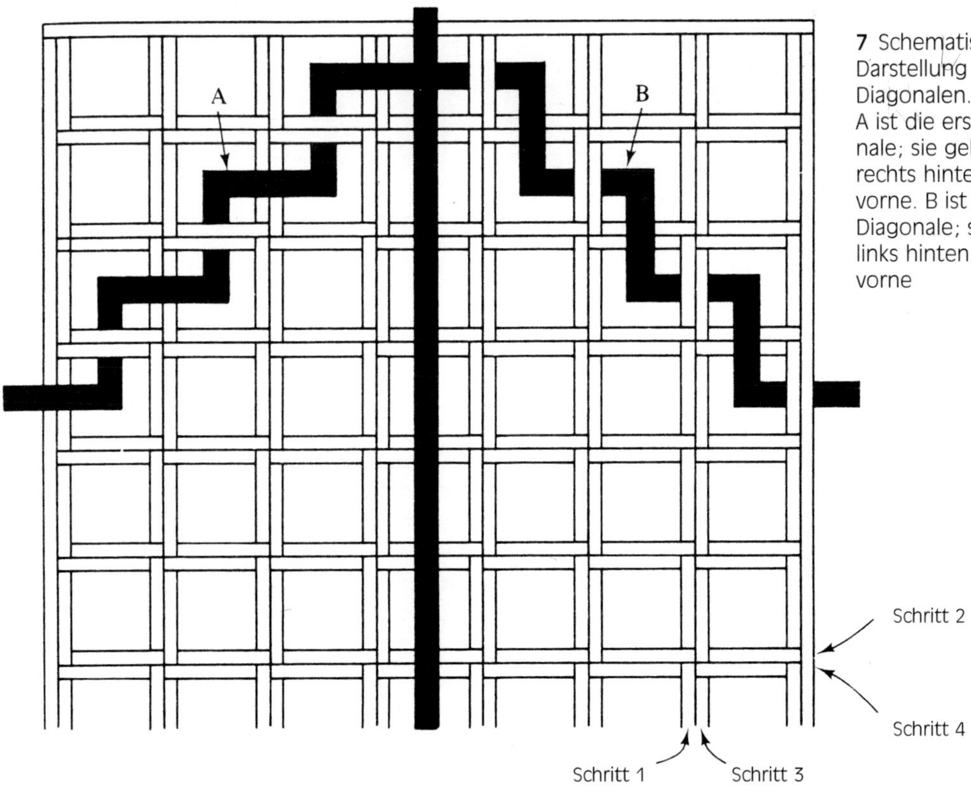

7 Schematische Darstellung der Diagonalen.
A ist die erste Diagonale; sie geht von rechts hinten nach links vorne. B ist die zweite Diagonale; sie geht von links hinten nach rechts vorne

Alle Rohrenden, die auf der Unterseite herausstehen, müssen in Löchern stecken, die verpflockt werden. Die Enden, die noch nicht in Pflocklöchern stecken, müssen durch das Nachbarloch wieder heraufgezogen werden und dort einen Pflock erhalten. Wenn diese losen Enden hochgezogen wurden, haben Sie Endstücke auf der Ober- und Unterseite. Fahren Sie nun nach der genannten Methode fort, diese Enden mit Pflöcken sicher zu verankern. Achten Sie darauf, daß die nach oben gezogenen Endstücke nicht durch Unachtsamkeit durch den Pflock nach unten herausgedrückt werden. Sind diese Löcher mit Ausnahme der Ecken endlich verpflockt, schneiden Sie alle überstehenden Reste sauber ab. Jetzt haben Sie ein offenes Loch zwischen jedem Pflock. Die Ecken sind noch immer nicht verschlossen.

8 Richtige und falsche Methode, eine Diagonale zu flechten: A ist richtig, B ist falsch (siehe Text)

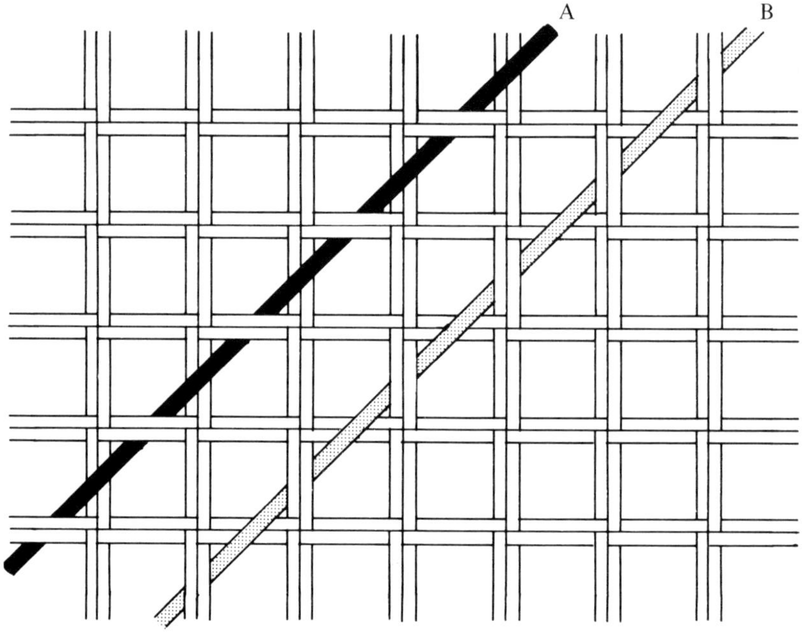

Nehmen Sie nun vier kürzere Längen Verblendungsrohr (Nr. 6), jedes ein wenig länger als die Zargen des Sitzrahmens, dazu ein langes Stück der Stärke Nr. 2, mit dem Sie die Verblendung befestigen sollen. Dies funktioniert so ähnlich wie beim Sticken: Fädeln Sie das Ende der schmaleren Rohrschiene durch das erste hintere Loch der rechten Längszarge neben der Ecke. Führen Sie das Rohr im Eckloch wieder nach oben, wobei Sie ein kurzes Ende von 50 mm lassen. Legen Sie dieses Ende flach über die Löcher der Seitenleiste. Spitzen Sie das Ende einer Rohrschiene der Stärke Nr. 6 an, und drücken Sie es in das Eckloch, und zwar so, daß es über dem kurzen Ende des Rohres der Stärke Nr. 2 aufliegt, und pflocken Sie es provisorisch fest. Mit dem langen Ende des schmalen Rohres gehen Sie wieder durch das Loch nach unten, durch welches Sie auch hochgekommen sind, wobei Sie das Abdeckrohr überqueren. Achten Sie dabei darauf, daß die Abdeckung ordentlich flach zu liegen kommt. Gehen Sie mit dem langen Ende des Rohrstückes unterhalb des Sitzes zum nächsten offenen Loch, führen Sie das Ende wieder hoch, dann über die Verblendung und wieder nach unten.

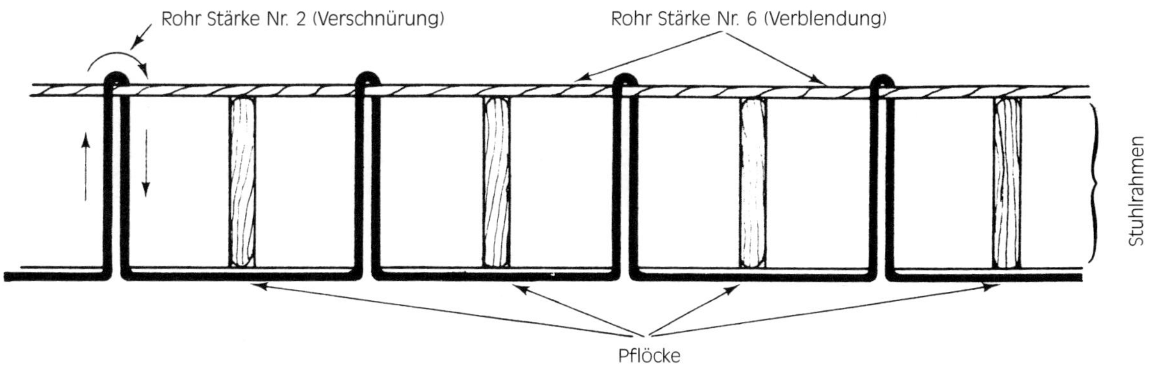

Fahren Sie so fort, bis Sie das vordere Eckloch erreicht haben, und ihr Verschnürungsrohr im letzten Loch vor der Ecke verschwunden ist. Wenn die Befestigung in diesem Loch sitzt, ziehen Sie den dünnen Strang schräg unterhalb der Sitzfläche zum nächsten Loch links der Ecke. Spitzen Sie nun dieses Ende des Abdeckrohres an, und lassen Sie es im Eckloch verschwinden. Nehmen Sie ein neues Stück der Stärke Nr. 6, spitzen es an und stecken es rechtwinklig zum ersten Stück ins Eckloch. Bevor Sie dieses über die Löcher legen, verschließen Sie das Eckloch mit einem verbleibenden, dauerhaften Pflock. Danach legen Sie die Abdeckung über die Frontzarge. Dabei wird ebenfalls das Eckloch verblendet (siehe Abb. 9 und 10). Fahren Sie wie vorher

9 Das Verblenden und das Verschnüren der Kanten. Querschnitt des Stuhlrahmens. Beachten Sie die verpflockten und unverpflockten Löcher. So machen Sie es richtig

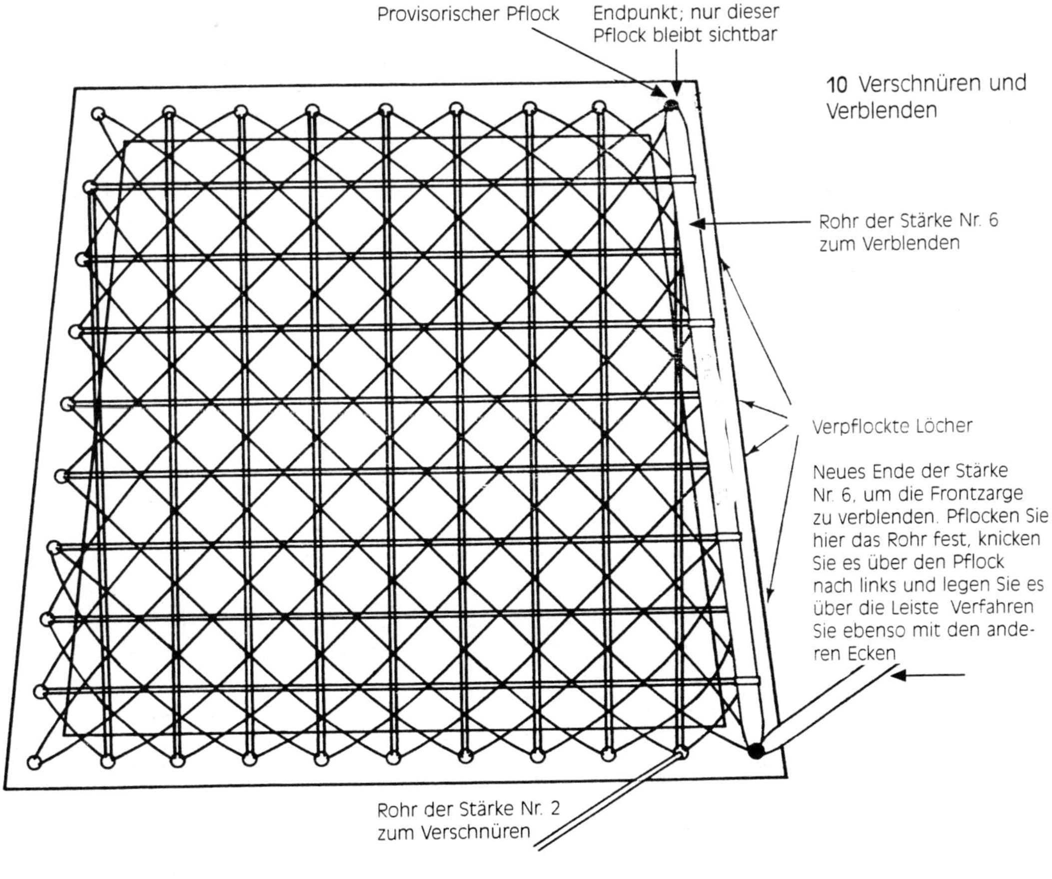

10 Verschnüren und Verblenden

entlang der Frontzarge fort, und bearbeiten Sie die linke Ecke genauso wie die vorherige. Vervollständigen Sie auf dieselbe Weise die linke Längszarge und danach die hintere Querzarge. Wenn Sie diesen Arbeitsgang beendet haben und wieder am Ausgangseckloch angekommen sind, nehmen Sie den provisorischen Pflock wieder heraus, ziehen die Verschnürungsschiene im Eckloch hoch und schieben sie bis unter das letzte offene Loch zurück. Spitzen Sie das letzte Ende der Abdeckung an, stecken Sie es in das Eckloch und verpflocken Sie sorgfältig. Wenn Sie alle Arbeitsgänge ordentlich ausgeführt haben, bleibt nur dieser Pflock sichtbar (siehe Abb. 1).

Wenn Sie während des Verblendens und Verschnürens Schwierigkeiten haben, das Rohr durch die Löcher zu bekommen, weil schon so viele Enden darin stecken, können Sie die entsprechenden Löcher vorsichtig mit der Ahle erweitern. Achten Sie darauf, daß Sie die Ahle nicht versehentlich durch die Rohrenden stechen und sie spalten! Drücken Sie deshalb das Werkzeug fest gegen das Holz des Rahmens. Jetzt können Sie normalerweise das Rohr mühelos durchführen.

Diese Anleitung gilt für Stühle mit geraden Seitenleisten oder rechtwinkligen Sitzgelegenheiten. Aber es gibt auch viele, die gerundete Ecken und manchmal auch geschwungene Zargen und Lehnen haben. Hier können Probleme entstehen. Da es so viele verschiedene Formen gibt, ist es fast unmöglich, für jede eine genaue Anleitung zu geben. Jedes Werkstück muß auf der Grundlage seines individuellen Designs bearbeitet werden.

Die ersten vier beschriebenen Schritte sind gewöhnlich geradlinig. Die Diagonalen dienen hauptsächlich dazu, das Muster gleichmäßig zu gestalten — über die Vertikalen und unter die Horizontalen oder umgekehrt, je nach Bedarf. Wo immer Sie geschwungene Linien haben, müssen Sie die Diagonalen anpassen. Aber bitte so, daß diese ihrem Namen gerecht werden! Wenn Sie die Zeichnung des Stuhls mit den gerundeten Ecken betrachten

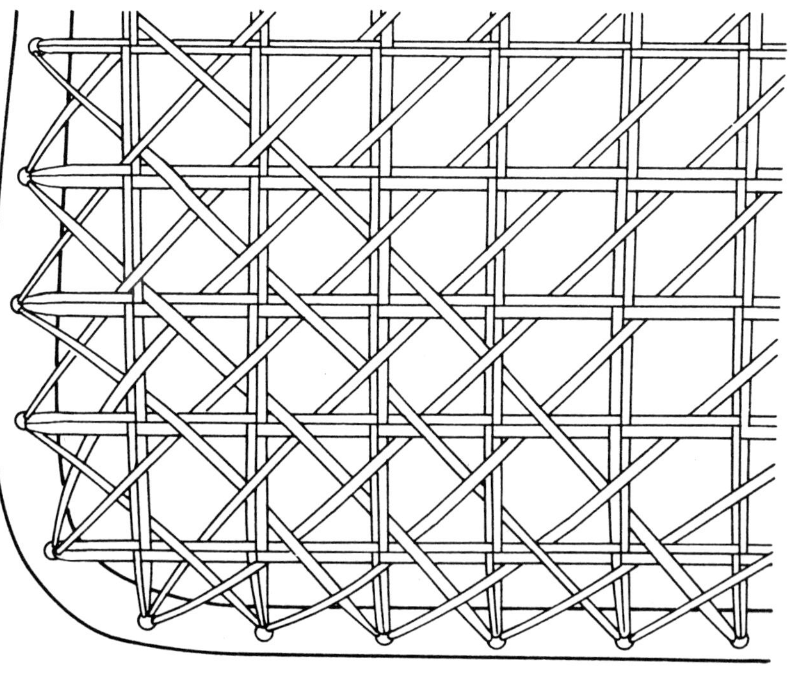

11 Ausschnitt eines Stuhlsitzes mit runden Ecken

12 Schlafzimmerstuhl; hier ist das Diagonalmuster an den Seitenzargen angepaßt. Dazu wurden zwei Rohrschienen durch ein Loch gezogen; wo nötig, sind Löcher ausgelassen

(Abb. 11), finden Sie, das Sie in der Rundung mehr als ein Rohrschienenpaar durch die Löcher führen müssen. Mindestens zwei und vielleicht auch drei Paare pro Loch können notwendig sein. Wenn Sie das Sechs-Schritt-Muster auf einem Sitz oder einer Lehne anbringen wollen, gibt es zwei Möglichkeiten, um zum Ziel zu kommen.

Die erste Möglichkeit ist, zwischen den geschwungenen Leisten genauso wie zuvor im ersten Arbeitsschritt zu verfahren. Beim nächsten Schritt führen Sie die Rohrschiene dann nicht über-, sondern unterhalb der Querstränge durch, so daß die geschwungene Form übertragen wird. Ziehen Sie nicht zu stramm an, und achten Sie darauf, daß das Rohr unter der Wölbung gut anliegt, aber lassen Sie etwas Spiel für die nächsten Arbeitsschritte. Beim dritten Arbeitsschritt führen Sie das Rohr unterhalb der Rohrschicht durch, die Sie im ersten und zweiten Schritt eingezogen haben. Achten Sie darauf, daß Sie auch hier nicht zuviel Spannung auf das Rohr geben. Haben Sie bis hierhin sorgfältig gearbeitet, können Sie nun die Rohrschienen des vierten Arbeitsschrittes einflechten und danach auch die Diagonalen einarbeiten. Auch hierbei müssen Sie unbedingt darauf achten, daß Sie nicht zu stramm anziehen, da sich sonst Wölbung und Muster der Bespannung verziehen, was das gute Aussehen des fertigen Stuhls später erheblich stört.

Die zweite Möglichkeit, einen geschwungenen Rahmen zu bespannen, beginnt damit, zwei Rohrschienen gleichzeitig nebeneinander zwischen den geschwungenen Leisten aufzuspannen. Bei dieser Methode führen Sie Arbeitsschritt eins und drei praktisch gleichzeitig aus. Dann beginnen Sie, in Querrichtung die anderen Rohrschienen abwechselnd über und unter der Querverspannung einzuflechten, so daß Sie am Ende wiederum zwei Schienen in jedem Loch haben (siehe Abb. 13). Sind Sie hiermit fertig, können Sie mit den Diagonalen genau wie schon vorher beschrieben verfahren. Seien Sie auch hierbei sehr vorsichtig, damit sich die Bespannung nicht verzieht. Beide eben genannten Methoden lassen sich leicht ausführen und sind vom Zeitaufwand her ungefähr gleich.

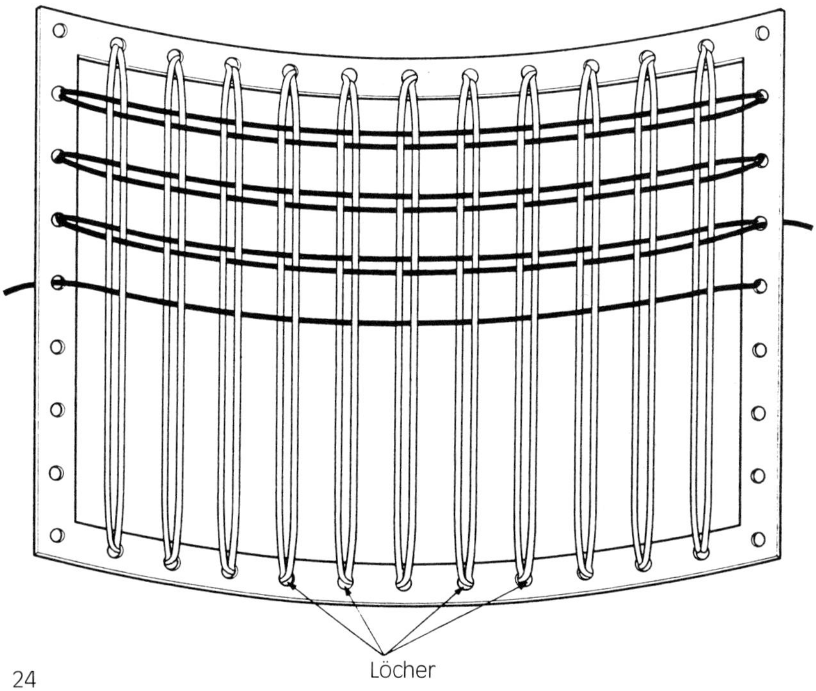

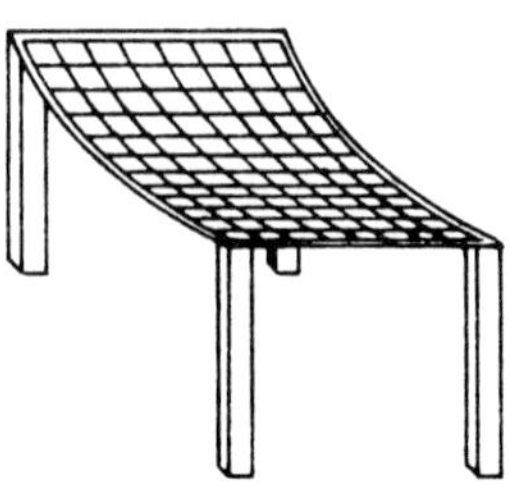

13 Diese schematische Darstellung zeigt Ihnen, wie Sie den zweiten und vierten Schritt bei einem geschwungenen Sitz ausführen müssen. Die Seitenansicht zeigt die geschwungene Zarge

14 Ein Bugholzstuhl, in Österreich (häufig von Thonet) hergestellt, ungewöhnliche Form. An diesem Beispiel sehen Sie sehr deutlich, wie Diagonalen in gerundeten Ecken eingezogen werden

Es gibt ein weiteres Sechs-Schritt-Muster, das *Doppel-Viktoria-Geflecht*. Dies ist hübsch und bedeutend schneller auszuführen. Leider ist es nicht so fest und haltbar wie das vorher beschriebene Muster. Es ergibt eine schöne Struktur, welche allerdings nicht strapazierfähig ist (siehe Abb. 15).

Material

- ☐ Rohr der Stärke Nr. 3 für die Arbeitsschritte eins und zwei
- ☐ Rohr der Stärke Nr. 4 für die Arbeitsschritte drei und vier

---

Diese Sitzfläche wird mit den Stärken Nr. 3 und Nr. 4 bespannt. Beginnen Sie mit Nr. 3. Beim ersten Arbeitsschritt spannen Sie zwei Rohrschienen zwischen der hinteren und der vorderen Querzarge (zwei Stränge pro Loch). Diese werden nach Möglichkeit nebeneinandergelegt. Der zweite Arbeitsgang wiederholt praktisch den ersten, nur wird in Querrichtung zwischen der rechten und linken Längszarge bespannt. Der dritte Schritt spannt die Diagonalen von hinten rechts nach vorne links und wird einfach über die vier vorher aufgezogenen Stränge gelegt. Die Diagonalen werden mit Rohr der Stärke Nr. 4 ausgeführt. Der letzte Arbeitsschritt (ebenfalls mit Stärke Nr. 4) ist der einzige, der verflochten wird. Beginnen Sie in der hinteren linken Ecke, und befestigen Sie dort die Rohrschiene mit einem Pflock. Flechten Sie zuerst über die erste Diagonale und dann unter das Kreuz, welches durch die ersten beiden Arbeitsschritte gebildet wurde. Dann gehen Sie wieder über die nächste Diagonale und unter dem nächsten Kreuz durch. Verflechten Sie auf diese Weise die gesamte Sitzfläche (siehe Abb. 16). Dieses Muster ist nur für einen quadratischen oder rechteckigen Stuhl geeignet. Bei einer anders geformten Sitzfläche würden die Diagonalen nicht korrekt sitzen.

15 Doppel-Viktoria-Geflecht

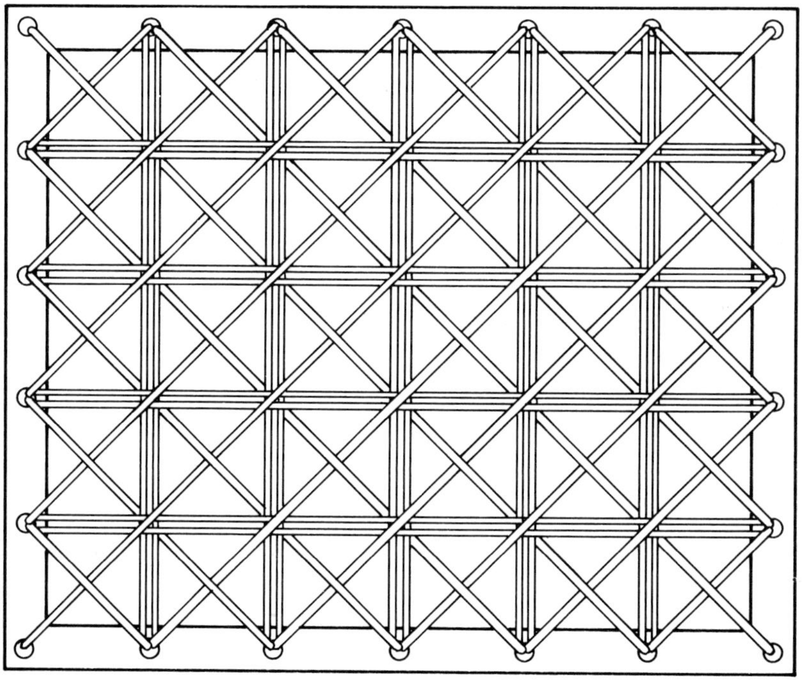

16 Doppel-Viktoria-Geflecht. Das Schnellverfahren — nur eine Diagonale wird hier verflochten

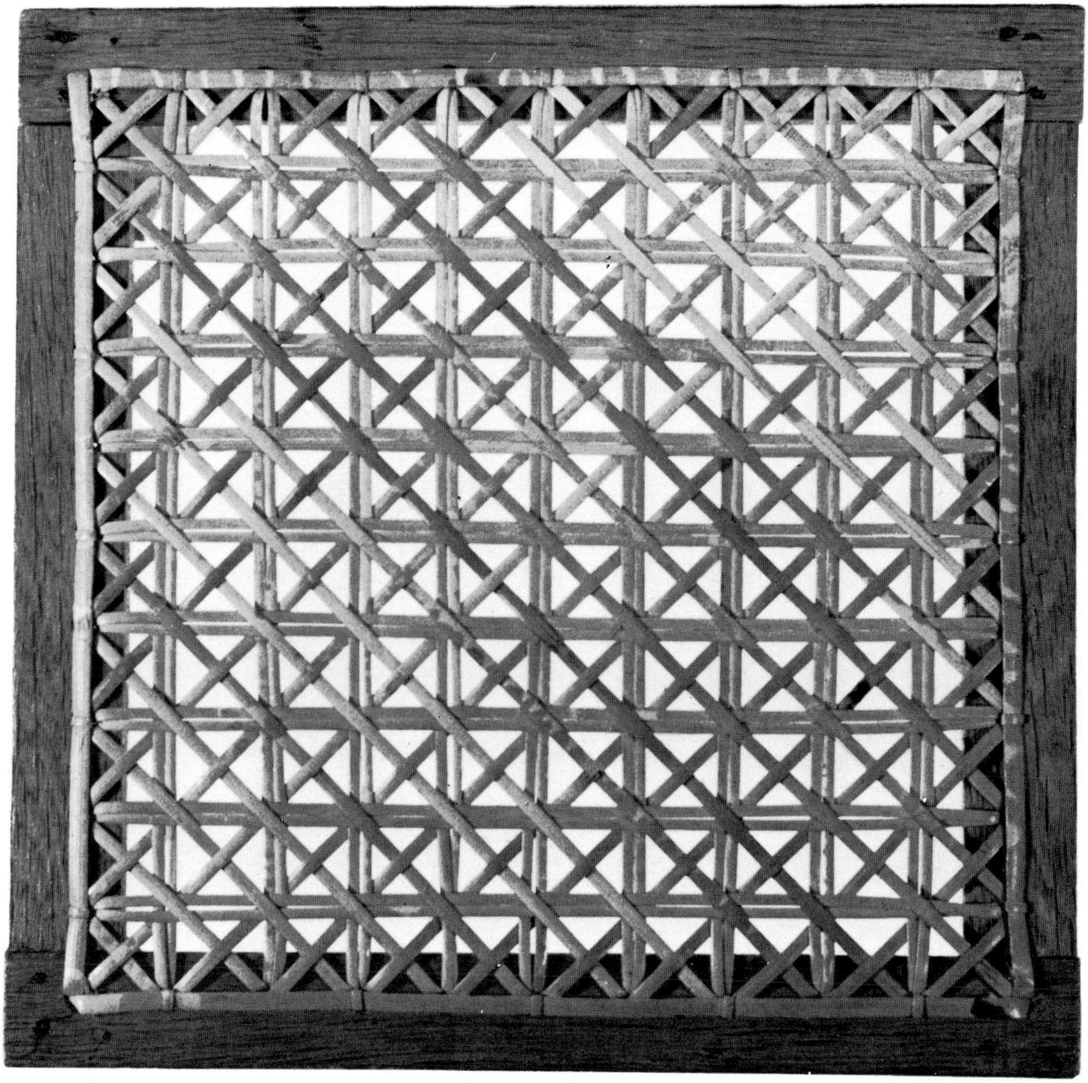

Vier-Schritt-Muster (Einfach-Viktoria-Geflecht)

Material

- ☐ Rohr der Stärke Nr. 4 für den ersten und zweiten Arbeitsschritt
- ☐ Rohr der Stärke Nr. 3 für den dritten und vierten Arbeitsschritt

Erste Methode

Es gibt drei Methoden, einen Schemel oder Stuhl mit dem Vier-Schritt-Muster zu bespannen. Die Materialien und Werkzeuge, die dafür benötigt werden, sind dieselben wie schon beim Sechs-Schritt-Muster beschrieben. Der Rahmen wird genauso vorbereitet. Beim Vier-Schritt-Muster jedoch wird eine breitere Rohrschiene der Stärke Nr. 4 für die ersten beiden Arbeitsschritte benutzt. Das schmalere Rohr (Stärke Nr. 3) wird für die Diagonalen verwendet. Hierdurch erhält man eine größere Festigkeit. Keines der Vier-Schritt-Muster ist so stark wie ein Sechs-Schritt-Muster. Man erhält trotzdem sehr schöne Sitzflächen, die besonders für einen Schemel oder Stuhl brauchbar sind, der nicht zu hart beansprucht wird, etwa ein Schlafzimmerstuhl.

Erster Arbeitsschritt

Sie beginnen genauso wie beim Sechs-Schritt-Muster, wobei Sie allerdings Rohr der Stärke Nr. 4 benutzen. Fangen Sie wieder in der Mitte an, und arbeiten Sie zu den Seiten hin. Wenn Sie an einem quadratischen oder einem rechtwinkligen Sitz arbeiten, lassen Sie die Ecklöcher offen, bis Sie mit den Diagonalen beginnen. An einem anders geformten Stuhl müssen sie eventuell die beiden hinteren Ecklöcher benutzen – es hängt von der Verteilung der Bohrungen ab. Die im Verhältnis zur Rückseite größere Anzahl von Löchern in der Frontzarge nutzen Sie, wie in den Abb. 17 und 18 gezeigt.

Zweiter Arbeitsschritt

Sie verarbeiten wieder Rohr der Stärke Nr. 4, wobei Sie von Seite zu Seite hin und zurück flechten, indem Sie abwechselnd oberhalb und unterhalb der Rohrschienen des ersten Arbeitsganges hindurch flechten.

Dritter Arbeitsschritt (Abb. 19)

Jetzt entsteht die erste Diagonale. Sie wird mit der Rohrschiene Nr. 3 ausgeführt. Pflocken Sie das Rohr im rechten hinteren Eckloch fest, und legen Sie es vorsichtig hinüber zum entsprechenden Loch in der Front- oder linken Seitenleiste. Das Rohr muß über den vorhergehenden Arbeitsgängen liegen und exakt die Kreuzpunkte überdecken. Auf einer quadratischen oder rechteckigen Sitzfläche gibt es hiermit keine Probleme, und Sie brauchen keine Löcher auszulassen. Bei allen anders geformten Sitzflächen jedoch müssen Sie das Muster mit Hilfe der Seitenleisten wie beim Sechs-Schritt-Muster anpassen. Führen Sie die Stränge durch alle Löcher mit Ausnahme der Ecklöcher der hinteren und vorderen Leisten (siehe Abb. 20 und 21).

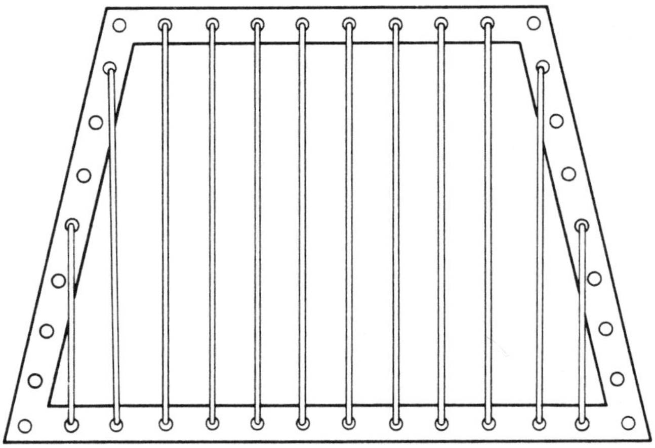

17 Das Vier-Schritt-Muster, erster Schritt. Die Ecklöcher werden nicht benutzt

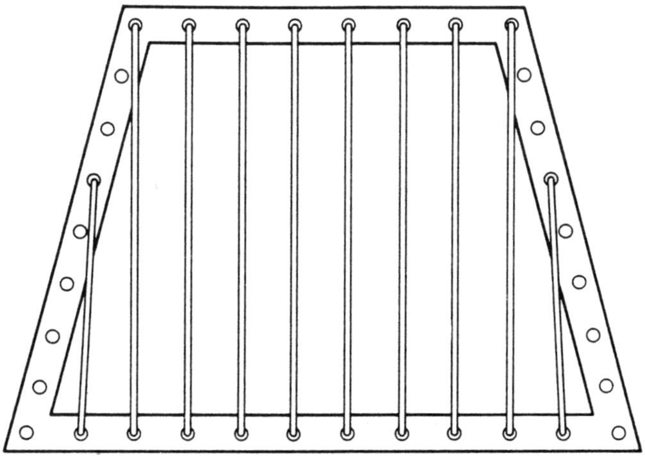

18 Vier-Schritt-Muster, erster Schritt. Die hinteren Ecklöcher werden durchflochten.

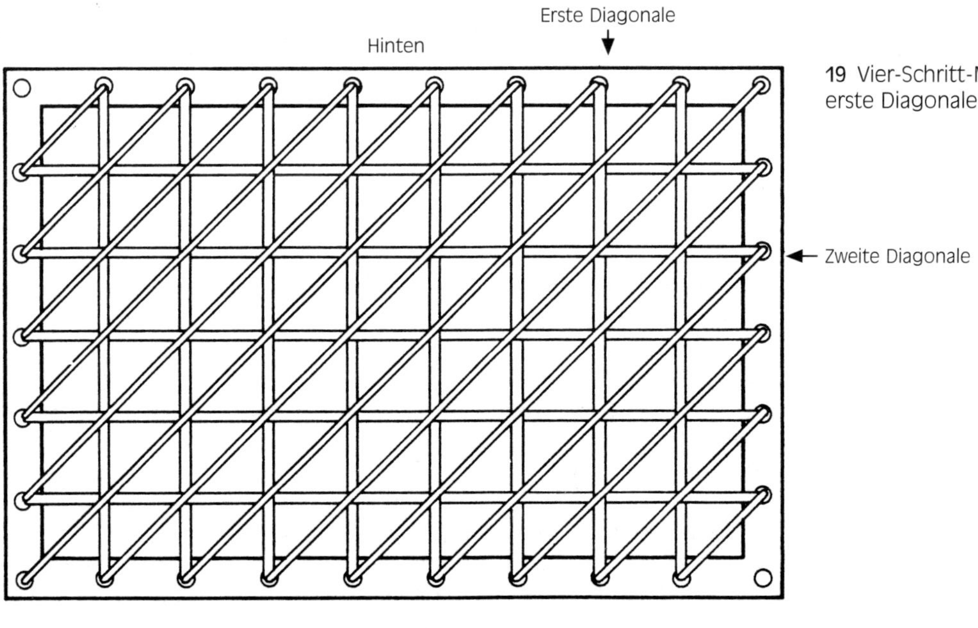

19 Vier-Schritt-Muster, erste Diagonale

20 Vier-Schritt-Muster, nicht rechtwinkliger Sitz, erste Methode

Hinten

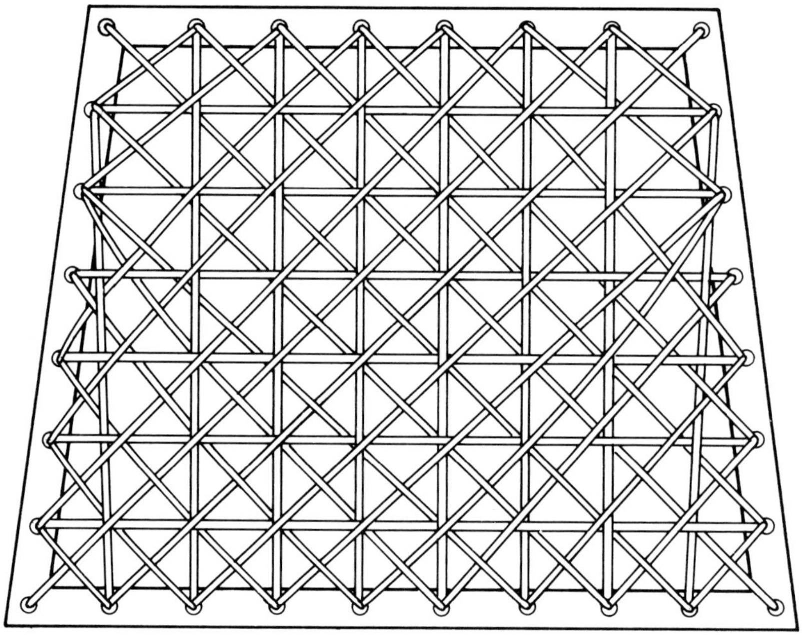

Vorne

21 Vier-Schritt-Muster auf rechtwinkliger Sitzfläche, erste Methode. Erster Schritt von hinten nach vorn, zweiter Schritt zwischen den Seitenzargen geflochten. Dritter Schritt (erste Diagonale): Wird über die ersten beiden Lagen gelegt. Vierter Schritt (zweite Diagonale): Wird eingeflochten

Hinten

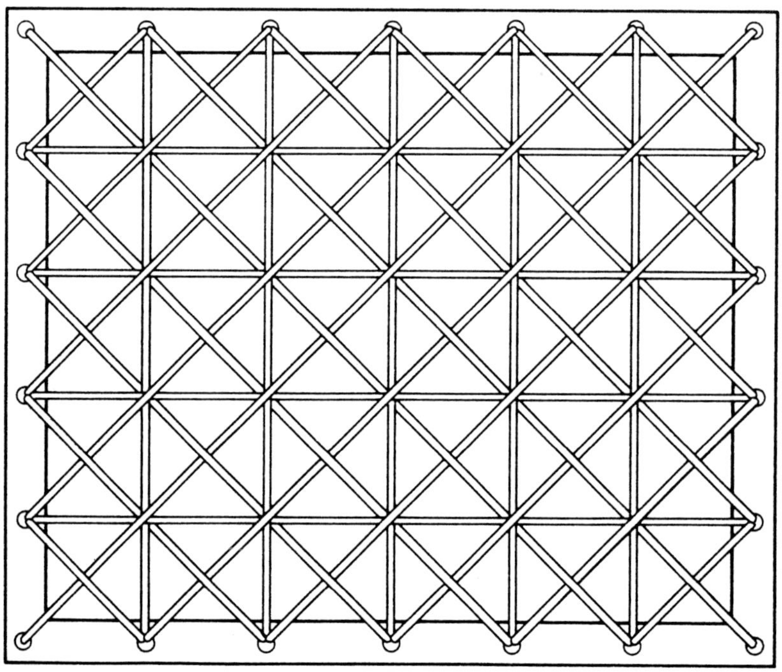

Vorne

Vierter Arbeitsschritt

Jetzt beginnen Sie die zweite Diagonale, die vom linken hinteren Eckloch ausgehend zur rechten Seite hin geflochten wird. Sie führen es vom hinteren Eckloch über die erste Diagonale, dann unter der Kreuzung der drei vorhergehenden Arbeitsschritte hindurch, über die nächste Diagonale und dann wieder unter der Kreuzung hindurch. Bearbeiten Sie auf diese Weise die gesamte Sitzfläche, bis Sie rechts die Front- oder Seitenleiste erreichen. Dann arbeiten Sie vor und zurück, um anschließend ein geschlossenes Muster zu erhalten.

Zweite Methode (siehe Abb. 22)

Erster Arbeitsschritt

Dieser wird in genau derselben Art und Weise wie bei der ersten Methode ausgeführt; Sie benutzten allerdings Rohr der Stärke Nr. 4.

Zweiter Arbeitsschritt

Der zweite Arbeitsschritt wird ebenfalls von einer Seite zur anderen ausgeführt, aber in diesem Fall nur über die Stränge des ersten gelegt und nicht verflochten wie in der ersten Methode.

Dritter Arbeitsschritt

Hier benutzen Sie Rohr der Stärke Nr. 3. Befestigen Sie eine Länge in der rechten hinteren Ecke. Beginnen Sie, indem Sie die Rohrschiene über die erste

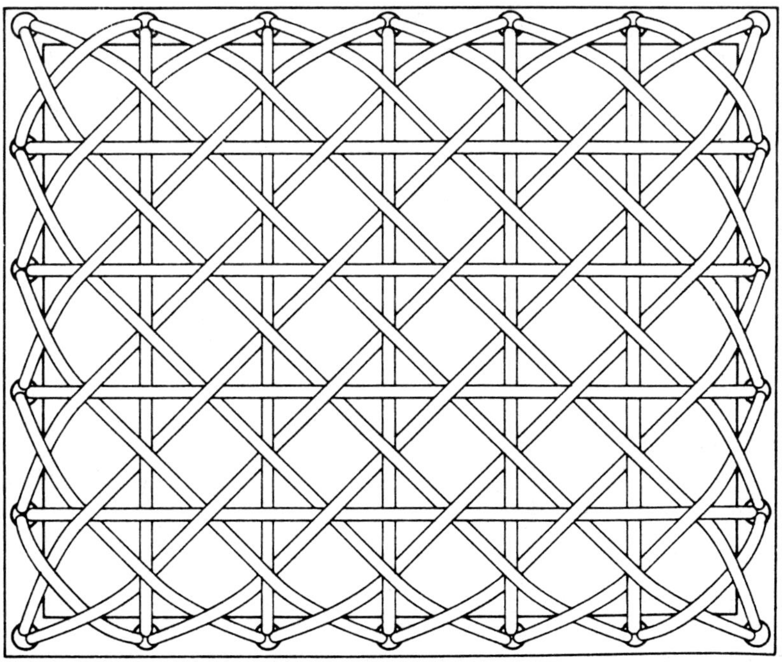

22 Vier-Schritt-Muster, zweite Methode. Erster Schritt von hinten nach vorne. Zweiter Schritt zwischen den Seitenzargen (auf der ersten Lage aufliegend). Dritter Schritt (erste Diagonale): unter den waagerechten und über den vertikalen Strängen eingeflochten. Vierter Schritt (zweite Diagonale): von links nach rechts, unter den vertikalen und über den waagerechten Rohrsträngen eingeflochten

23 Das Vier-Schritt-Muster nach der zweiten Methode (nicht rechtwinklige Sitzfläche)

Horizontale legen und nach links unter der ersten Vertikalen durchgehen. Dann fahren Sie fort, indem Sie über die nächste Horizontale hinweg und dann unter der nächsten Vertikalen hindurch flechten. Fahren Sie so fort, bis Sie die vordere linke Ecke oder die Längszarge erreichen. Es spielt überhaupt keine Rolle, wo das Rohr herauskommt, dies hängt nur von der Form der Sitzfläche ab, aber arbeiten Sie so, daß eine wirkliche diagonale Linie entsteht. Flechten Sie auf diese Weise die gesamte Sitzfläche, bis alle Löcher in der hinteren und vorderen Zarge ausgefüllt sind. Die Ecklöcher lassen Sie immer noch frei. Bei diesem Muster sehen Sie, daß Sie zwei Rohrsschienen in die Ecklöcher stecken können, wie schon im Sechs-Schritt-Muster gezeigt wurde. Hierdurch erzielen Sie höhere Haltbarkeit (siehe Abb. 23).

Anmerkung: Dies funktioniert nicht bei der ersten Methode — hier führt man nur eine einzige Rohrschiene durch das Eckloch.

Vierter Arbeitsschritt

Diese Diagonale bedeutet die Umkehrung des vorhergehenden Schrittes. Sie beginnen jetzt im hinteren linken Loch und ziehen die Rohrschiene unter der ersten Horizontalen durch und führen sie nach rechts über die erste Vertikale. Als nächstes geht es weiter unter der nächsten Horizontalen durch und über die nächste Vertikale hinweg. Fahren Sie so fort, bis dieser Arbeitsschritt beendet ist.

Dritte Methode

Dies ist eine sehr schnelle Methode, aber ich muß gestehen, daß sie nicht die Stärke und Haltbarkeit aufweist wie die vorhergehenden Muster. Die ersten drei Arbeitsschritte liegen alle einfach aufeinander, ohne sie miteinander zu verweben. Der erste Strang führt von hinten nach vorne, der zweite liegt zwischen den Längsleisten und der dritte diagonal von der Ecke hinten rechts nach vorn oder zur linken Längsleiste. Der vierte Schritt ist der einzige, der verwoben wird, und führt von der linken hinteren Ecke unter den Kreuzungen hindurch und über die zuerst gespannte Diagonale hinweg. So bearbeiten Sie die gesamte Sitzfläche.

Dieses Muster ist nur für rechtwinklige Sitzflächen gut zu gebrauchen. All diese verschiedenen Methoden werden durch das Verpflocken eines jeden Loches und anschließendes Beschneiden der Enden auf der Unterseite abgeschlossen. Sie können aber auch die Löcher abdecken und die Arbeit, wie beim Sechs-Schritt-Muster gezeigt, beenden.

Besondere Rückenlehnen

Material

- ☐ Rohr der Stärke Nr. 2 für die ersten vier Schritte
- ☐ Rohr der Stärke Nr. 3 für die letzten zwei Schritte
- ☐ Rohr der Stärken Nr. 6 und Nr. 2 zum Verblenden und Verschnüren

Die Rückenlehnen von Stühlen zeigen oft ausgefallene Flechtmuster, während die Sitzflächen aus Rohrgeflecht oder gepolstert sind. Einige dieser ornamentverzierten Lehnen tragen entweder eine runde oder eine ovale *Rosette* aus Holz in der Mitte. Ist diese Rosette eingeflochten, so erscheint sie wie eine Sonne, von der das Geflecht wie Strahlen ausgeht. Ich habe in dieses Buch einige Abbildungen von solchen Stühlen aufgenommen, die meist im Sechs-Schritt-Muster ausgeführt wurden. Wenn Sie einen solchen Stuhl besitzen und dieser neu bespannt werden muß, kann es eine große Hilfe für Sie sein, eine Skizze von etwa der Hälfte des Musters anzufertigen. Markieren Sie darauf die Löcher der Rosette und ebenso jene auf dem äußeren Rahmen. Zeichnen Sie auf, wie diese Löcher durch das Rohr miteinander verbunden werden (siehe Abb. 27).

Wo die Rohrschienen vom kleinen runden Zentrum zu einem großen rechtwinkligen Rahmen führen, werden Sie bemerken, daß die ersten vier Arbeitsgänge ziemlich geradlinig verlaufen. Die Diagonalen verlaufen komplizierter, da sie eine Krümmung aufweisen. Anhand Ihrer Aufzeichnungen wissen Sie nun, wie Sie das Muster erstellen müssen. Haben Sie allerdings die alte Bespannung einfach herausgeschnitten, ohne sich vorher eine Skizze zu machen, haben Sie jetzt große Schwierigkeiten, herauszufinden, wie jede Rohrschiene verlaufen muß.

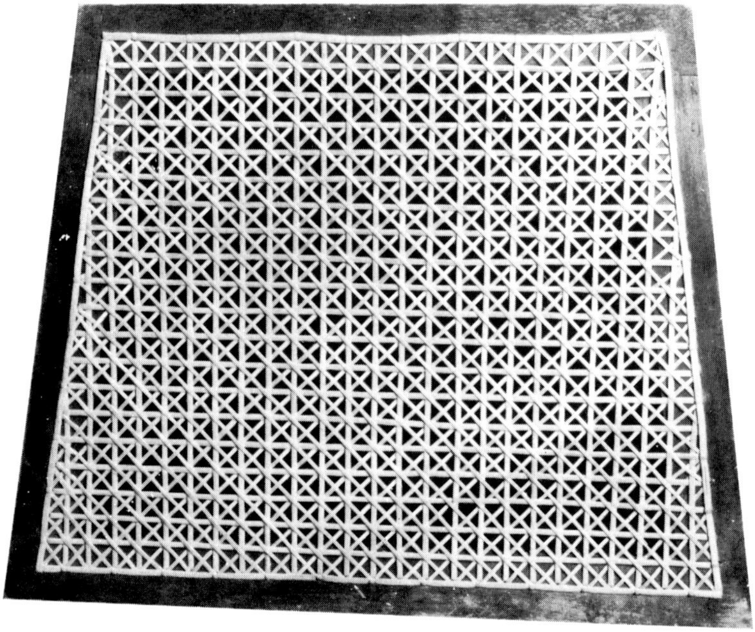

24 Vier-Schritt-Muster nach der ersten Methode (nicht rechtwinkliger Sitz)

25 Ein eleganter Stuhl mit ovaler Sitzfläche und runder Rückenlehne, komplett im Sechs-Schritt-Muster gearbeitet

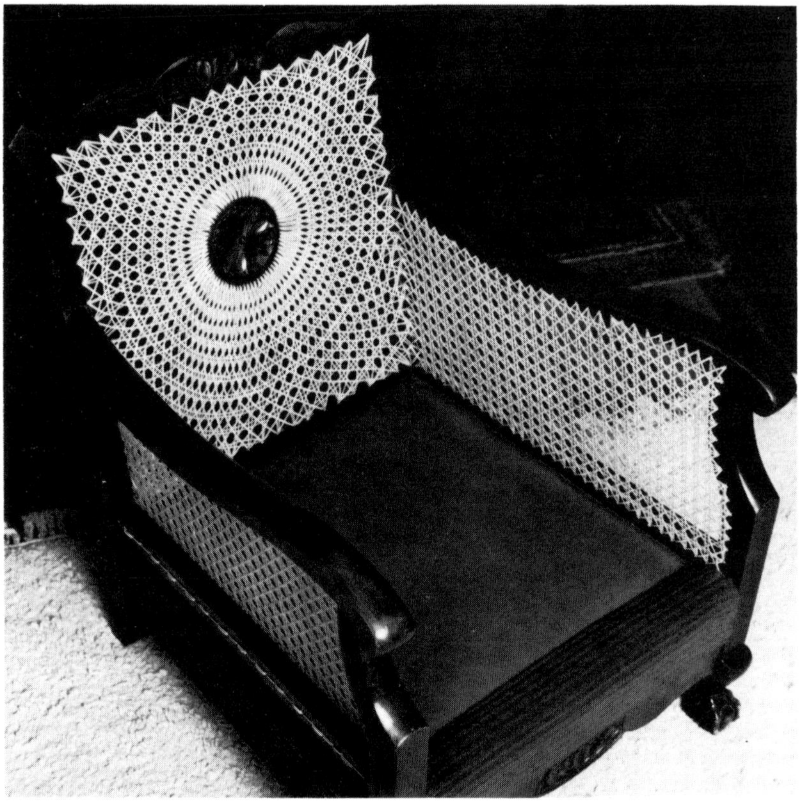

26 Ein Sessel mit geflochtenen Armlehnen und einer Rückenlehne im Sonnengeflechtmuster (Vollsonne)

Beim ersten und dritten Schritt des Sechs-Schritt-Musters wird vom Zentrum aus bespannt. Zu allererst bringen Sie die Rosette an die richtige Stelle des Zentrums, indem Sie diese mit Schnur oder Zwirn oben, unten, rechts und links befestigen. Achten Sie darauf, daß es exakt zentriert ist. Dann schneiden Sie sich einige Längen des Rohres der Stärke Nr. 2 ab, lang genug, um vom Rahmen zur Rosette und zurück zu reichen. Pflocken Sie ein Ende des Rohres am Rahmen fest, führen Sie es zur Rosette, fädeln Sie es dort ein. Vom benachbarten Loch aus gehen Sie wieder zurück zum Rahmen. Wenn Sie so mit dem ersten und dritten Schritt um die Rosette gearbeitet haben, verfügen Sie über zwei Rohrstränge in jedem Loch, die von der Mitte zum Rahmen führen. Bemühen Sie sich, mit dem dritten Arbeitsschritt die Lücken, die beim ersten Umlauf auf der Rückseite der Rosette entstanden sind, zu schließen, so daß das Rohr eine durchgehende, umlaufende Linie bildet. Für die Bespannung ist dies eigentlich nicht wichtig, aber es gibt dem Produkt ein professionelleres Aussehen. Alle Rohrenden befinden sich am Außenrahmen. Möglicherweise haben Sie im Rahmen einige Löcher mehr als im Medaillon. Lassen Sie einige aus, möglichst jedoch im unteren Bereich des Rahmens.

Beim zweiten und vierten Arbeitsschritt wird kreisförmig um die Rosette herumgearbeitet. Dabei werden die Rohrschienen des ersten und dritten Schrittes abwechselnd durchflochten. Die Enden sollen sich fünf Zentimeter überlappen. Das Webmuster muß sich bei jeder Reihe abwechseln. Im allgemeinen sind sieben Kreise notwendig, von denen jeder aus zwei parallelen

27 Ein Stuhl im Jacobean-Stil (erste Hälfte 17. Jahrhundert) mit ovaler Rückenlehne, die im Sechs-Schritt-Muster ausgeführt wurde

28 Rückenlehne eines Stuhles mit „Sonnenaufgangsmuster" (Halbsonne; Sechs-Schritt-Muster)

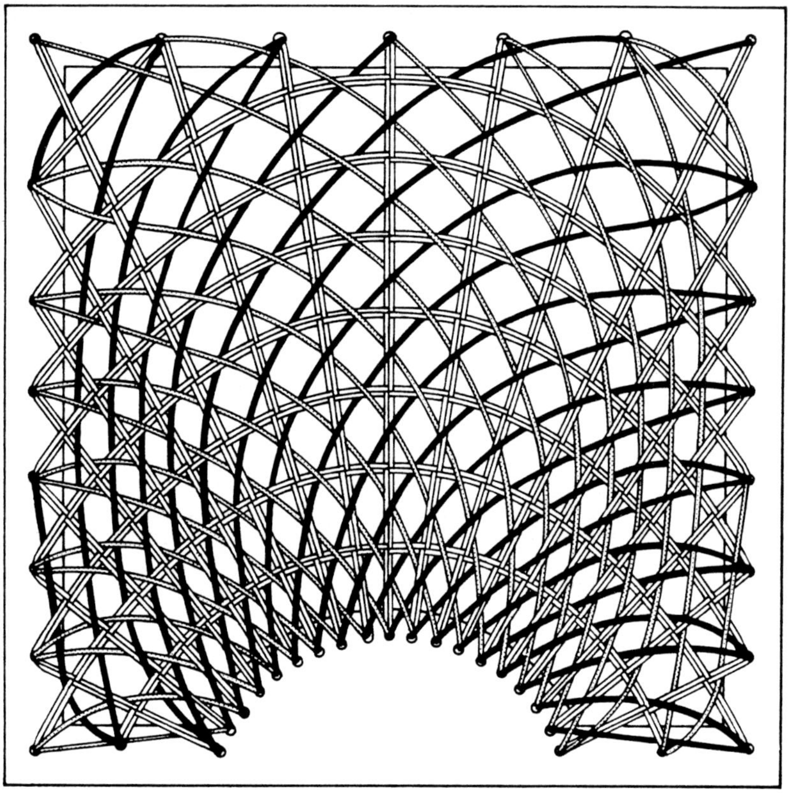

Rohrschienen besteht. Der Abstand zwischen diesen Paaren beträgt ca. 13 mm. Die Kreise bekommen nach außen hin etwas größere Abstände. Die Ecken werden mit kürzeren Enden eingeflochten (siehe Abb. 25, 26 und 27). Für die Diagonalen benutzen Sie Rohr der Stärke Nr. 3. Pflocken Sie das Ende in der Rosette fest, und flechten Sie nach außen, indem Sie zwischen den einzelnen Strangpaaren hinauf- und hinuntergehen. Achten Sie darauf, daß die Diagonalen in den kleinen Schlitzen liegen, die beim Flechten der ersten vier Arbeitsgänge entstanden sind. Dies habe ich schon beim allerersten Muster betont. Wenn Sie dies genau einhalten, werden Sie bemerken, daß die Diagonalen in geschwungener Form nach außen zum Rahmen laufen. Wenn Sie alle Diagonalen eingeflochten haben, setzen Sie die Pflöcke sehr fest ein. Benutzen Sie die kleinen Pflöckchen für das Medaillon und die großen für den Rahmen. Achten Sie besonders darauf, daß keiner dieser Pflöcke auf der Rückseite des Stuhles hervorsteht. Wenn Sie das Rohr so angeordnet haben, daß die Lücken zwischen den Löchern auf der Rückseite des Rahmens geschlossen sind, erzielen Sie ein sauberes Ergebnis (siehe Abb. 30 und 28).

Es gibt auch runde und ovale Sitzflächen, die mit Rohr bespannt werden. Alle diese abweichenden Muster stellen uns vor kleinere oder größere Probleme. Bei runden Flächen haben Sie keine Ecken, die Sie als Anhaltspunkte für eine korrekte Führung der Diagonalen benutzen können. So ist es empfehlenswert, an entsprechenden Stellen vier Löcher im Rahmen zu markieren und sie ersatzweise als „Ecken", wie in der allerersten Anleitung, zu verwenden, indem Sie dort zwei Stränge durchführen. Der einzige Unterschied ist, daß Sie später auch in vielleicht drei oder vier anderen Löchern in der Nähe der markierten Löcher zwei Rohrschienen haben. Hierdurch bleiben die Diagonalen im richtigen Winkel (siehe Abb. 29). Wenn Sie den Rand eines runden Sitzes mit Rohr verblenden wollen, ist es klug, das Rohr der Stärke Nr. 6 ordentlich zu befeuchten und flachzudrücken, so daß es in den Rundungen sauber und glatt anliegt.

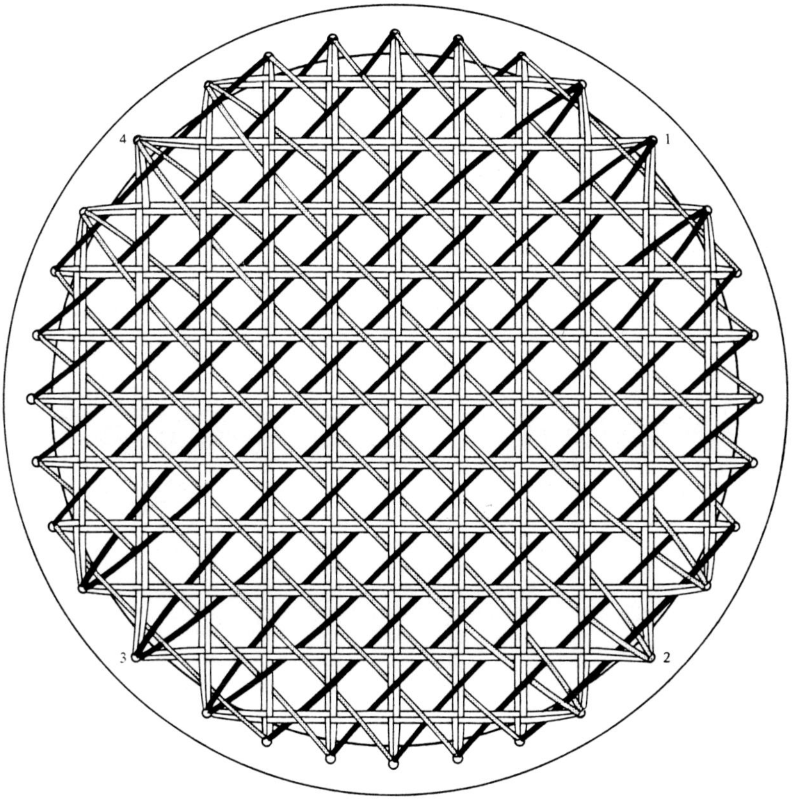

29 Ein runder Sitz. Beachten Sie besonders die Anordnung der Diagonalen

Es gibt noch ein anderes Sechs-Schritt-Muster, das *Sterngeflecht,* welches sehr attraktiv, aber gleichzeitig auch sehr kompliziert ist (siehe Abb. 31 und 32).

Material

☐ Rohr der Stärke Nr. 2 für den ersten Schritt
☐ Rohr der Stärke Nr. 4 für die Schritte 2, 3 und 4
☐ Rohr der Stärke Nr. 3 für die Schritte 5 und 6

Beginnen Sie das Geflecht mit Rohr der Stärke Nr. 2 für die erste Längslage zwischen hinterer und vorderer Zarge. Sie benutzen alle Löcher. Der zweite Arbeitsschritt besteht aus einer Querlage zwischen den Längszargen, wozu Sie Rohr der Stärke Nr. 4 verwenden. Dabei wird nur jedes zweite Loch benutzt. Die nächsten zwei Schritte werden mit der Rohrstärke Nr. 4 eingeflochten. Ich nenne sie „steile Diagonalen". Die erste wird von rechts nach links, die zweite von links nach rechts eingeflochten. Da die horizontalen Stränge immer ein leeres Loch zwischen sich haben, verläuft diese Diagonale im entgegengesetzten Winkel zur ersten.

Pflocken Sie Ihr Rohrende im rechten hinteren Eckloch fest, führen Sie es über die horizontalen Schienen und unter den vertikalen hindurch. Wiederholen Sie diesen Arbeitsgang im übernächsten Loch. Möglicherweise müssen Sie an den Seitenzargen einige Anpassungen vornehmen, damit die Rohrschienen so parallel wie möglich verlaufen. Haben Sie diesen Schritt beendet, pflocken Sie Ihr nächstes Ende der Stärke Nr. 4 im linken hinteren Eckloch fest. Flechten Sie anschließend wieder über die horizontalen und unter den vertikalen Schienen hindurch, wobei Sie aber immer unter den Diagonalen hindurchgehen, die Sie eben zuvor eingezogen haben. Auch bei diesem Arbeitsgang benutzen Sie nur jedes zweite Loch. Diese beiden Diagonalen sollten im selben Loch anfangen und enden. Die letzten beiden Arbeitsschritte bestehen ebenfalls aus Diagonalen. Diese nenne ich flache Diagonalen (beachten Sie dazu den Bildausschnitt, Abb. 32).

Die erste Diagonale wird von rechts nach links über die erste Horizontale geflochten. Sie geht unter der ersten steilen und zweiten Diagonalen hindurch, und zwar genau dort, wo sie sich kreuzen. Dann gehen Sie über die zweite steile hinweg, unter der nächsten steilen Diagonalen hindurch. Anschließend führen Sie Ihre Rohrschiene wieder über die Horizontale und erste Diagonale, dort wo sie sich kreuzen, hinweg und unter der steilen Diagonalen hindurch. Setzen Sie Ihre Arbeit über die ganze Sitzfläche fort, und zwar von jedem zweiten Loch der hinteren und vorderen Zarge ausgehend. Die Löcher, welche Sie für die zwei vorausgegangenen diagonalen Arbeitsschritte benutzt haben, verwenden Sie nicht. Die letzten zwei Schritte flechten Sie mit Rohr der Stärke Nr. 3. Der letzte Schritt beginnt in der linken Ecke und verläuft unter der ersten und dritten Diagonalen, über der ersten steilen und dann unter der ersten und dritten Diagonalen zusammen mit der nächsten steilen. Dann gehen Sie über den Kreuzpunkt der zweiten Diagonalen und der Horizontalen, danach unter der ersten und dritten Diagonalen und der nächsten steilen hindurch.

Sie setzen Ihre Arbeit fort, indem Sie über die nächste steile und dritte Diagonale hinweggehen, und dann die erste und dritte Diagonale zusammen mit der nächsten steilen unterqueren. Diese Arbeitsschritte setzten Sie weiter fort, bis Sie die ganze Sitzfläche abgedeckt haben. Sie benutzen wieder jedes zweite Loch der hinteren und vorderen Zarge, wobei Sie die Löcher benutzen, in denen schon die steile Diagonale und die dritte Diagonale stekken. Wenn nötig, passen Sie das Muster an den Seitenzargen ein wenig an.

Manchmal hat die Sache jedoch einen Haken. Plötzlich treffen Sie beim Bespannen auf sogenannte *blinde Löcher.* Diese gehen nicht gerade durch den Rahmen, und deshalb können Sie Ihren Strang nicht richtig durch sie durchziehen. Wenn Sie die Rückseite des Rahmens betrachten, werden Sie manchmal eine Nut finden, die durch ein passendes Holzstück abgedeckt ist. Genauer gesagt, die Löcher liegen in einer Nut, und das Holz wurde als Abdekkung nach dem Bespannen eingelegt. Dieses muß vor der Neubespannung entfernt werden (dies ist gewöhnlich die Arbeit eines Tischlers). Ist die Neubespannung vollendet, wird das Holzstück selbstverständlich wieder eingesetzt. Sind die Löcher auf der Rückseite nicht auf diese Weise verschlossen, kann es auch sein, daß sie in einem Stuhlbein enden. Hier müssen Sie das Rohr kurz abschneiden, es in das Loch stecken und mit einem provisorischen Pflock befestigen. Haben Sie alle Arbeitsschritte ausgeführt, verpflocken Sie das Loch dauerhaft.

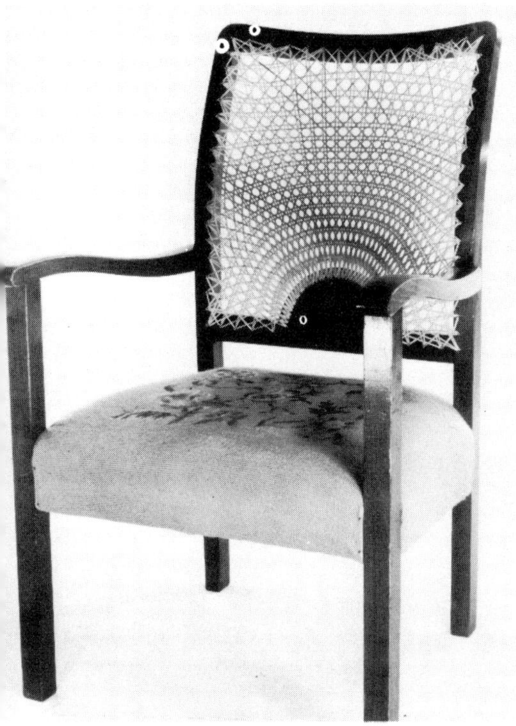

30 Sessel mit Halbsonne und Sonnengeflecht (Fächermuster) auf der Rückenlehne

31 Schemel mit Sterngeflecht

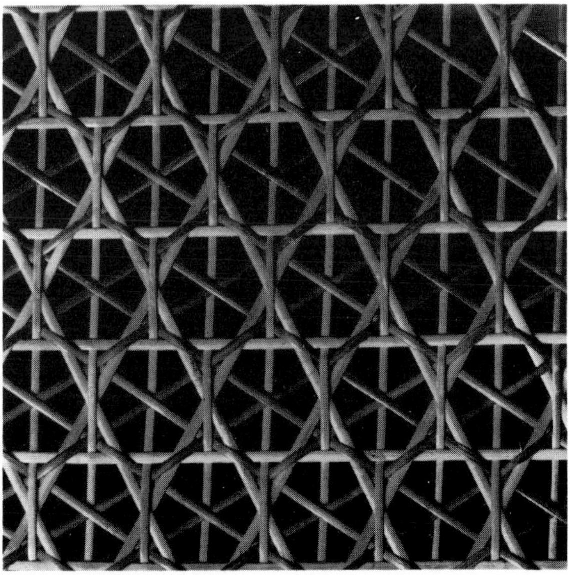

32 Detailaufnahme des Sterngeflechtes

Mattengeflecht

Diese Art der Bespannung läßt sich viel leichter bei einer quadratischen oder rechteckigen Sitzfläche durchführen als auf einer anders geformten. Es empfiehlt sich, zunächst viel praktische Erfahrung zu sammeln, bevor man sich mit dieser Methode an einen Stuhl heranwagt.

Zu allererst müssen Sie eine Führungsschiene innerhalb des Rahmens anbringen, der aus einem relativ dicken Rohrkern (Stärke Nr. 10 oder Nr. 12)

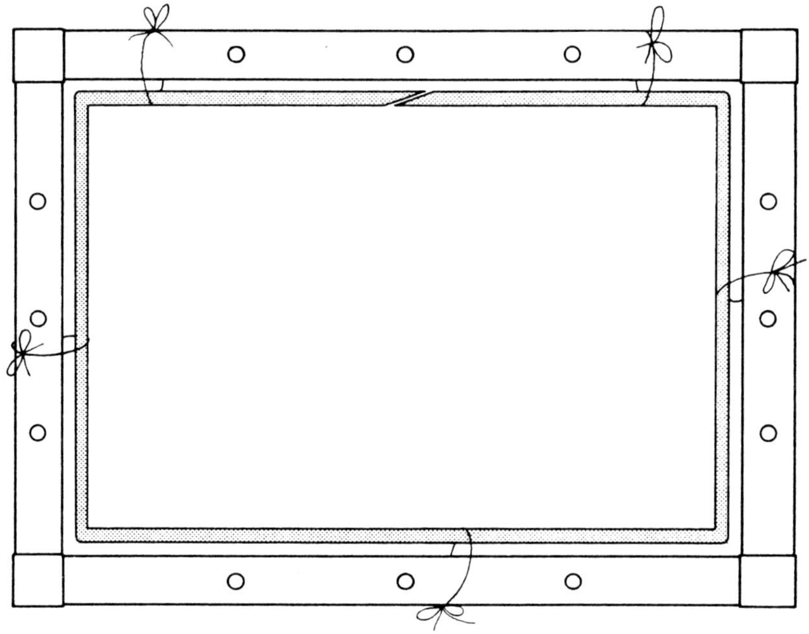

33 Mattengeflecht. Die Führungsschiene ist auf der Innenseite des Rahmens angebunden. Zur Verdeutlichung der Arbeitstechnik haben wir zwischen Rahmen und Schiene eine Lücke gelassen. Bei der Ausführung Ihrer Arbeit muß die Führungsschiene selbstverständlich dicht am Rahmen anliegen. Nehmen Sie kräftiges Band, die Schlaufen können später wieder entfernt werden

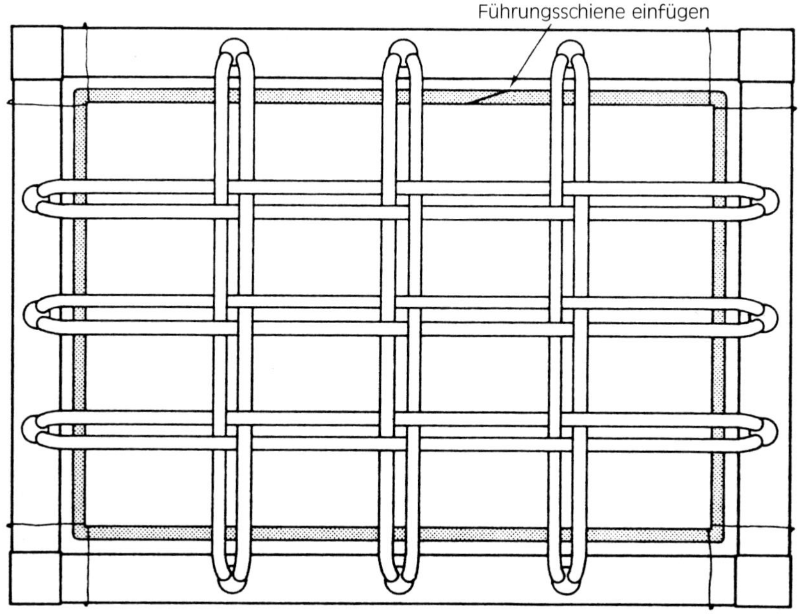

34 Das Hilfsgeflecht mit Führungsschiene. Sie wird mit Schnur in den Ecken befestigt

oder braunem Rattan besteht. Sie wird auf der Innenseite des Rahmens mit Drahtstiften befestigt oder einer dünnen Schnur angebunden, die bei weiter fortgeschrittener Arbeit entfernt werden kann (siehe Abb. 33). Nehmen Sie am Rahmen Maß, und biegen Sie die Ecken mit einer Rundzange, so daß die Führungsschiene so dicht wie möglich in den Ecken anliegt. Die Enden schneiden Sie mit langen Gehrungen an, so daß sie am Verbindungspunkt sauber aufeinandergelegt werden können (siehe Abb. 33).

Zusätzlich brauchen Sie einen Spannstab, der aus einer schmalen Leiste besteht. Über diesen wird die Kette gelegt, damit Sie später beim Weben der Muster ausreichend Spiel haben. Über die Stärke dieser Leiste möchte ich Ihnen keine Angaben machen. Sie hängt davon ab, ob Sie locker oder fest bespannen wollen. Ich benutze einen Stab von 15 mm Breite und 6 mm Stärke und gehe damit den Mittelweg. Der Stab muß lang genug sein, um noch an beiden Seiten auf dem Rahmen aufliegen zu können. Ist Ihr Schemel ziemlich groß, also mehr als 30 cm Durchmesser, müssen Sie eine Stützbespannung anbringen. Wahrscheinlich entdecken Sie in den vier Leisten einige Löcher mit ungefähr 3,5 cm bis 5 cm Abstand. Diese sollten zuerst bespannt werden, um dem Sitz ausreichende Festigkeit zu geben. Benutzen Sie etwas breiteres Rohr (Stärke Nr. 4 oder 5 wäre passend), und spannen Sie das Rohr zwischen der hinteren und vorderen Querleiste, wobei Sie jeweils zwei Stränge durch jedes Loch führen. Dann flechten Sie in diese die Stränge ein, die die linke und rechte Längsleiste miteinander verbinden. Hier führen ebenfalls zwei Stränge durch jedes Loch. Nach Abschluß der Arbeit verpflocken Sie jedes Loch sorgfältig, wobei Sie besonders darauf achten müssen, daß die Pflöcke bündig mit der Oberfläche des Rahmens abschließen. Diese Stützbespannung wird auf kleinen Schemeln nicht ausgeführt (siehe Abb. 34).

Jetzt können Sie mit dem eigentlichen Weben beginnen. Bereiten Sie Rohr wie gewöhnlich vor, indem Sie es anfeuchten. Nehmen Sie Rohr der Stärke Nr. 3 für kleine Schemel und Stärke Nr. 4 für größere. Legen Sie den

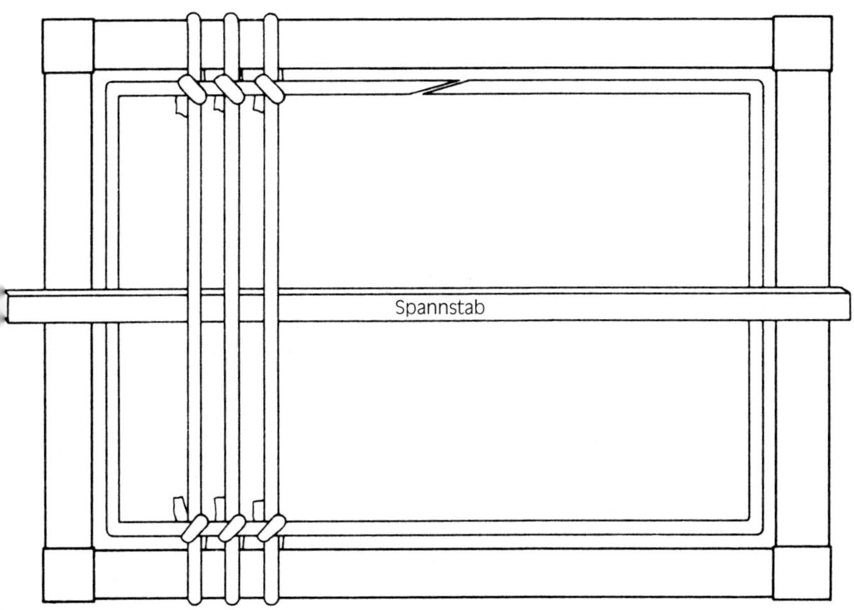

35 Mattengeflecht. Die Anordnung der Knoten an der Führungsschiene

Spannstab über die Mitte der Sitzfläche. Schneiden Sie das Rohr so lang ab, daß es von vorne nach hinten reicht und unter beiden Leisten einen Überstand von etwa 8 cm hat. Markieren Sie die Mitte der vorderen und hinteren Querleiste, und beginnen Sie vorne, indem Sie das Rohr wie die Kettfäden beim Webstuhl über den vorderen Rahmen legen. Gehen Sie unter ihm hindurch, auf der Innenseite der Führungsschiene hoch. Dann legen Sie das Ende über diese und das Rohr selbst, um es anschließend zwischen der Führungsschiene und Rahmen einzuklemmen. Legen Sie das andere Ende des Rohres über den Spannstab, und wiederholen Sie diese Verknotung an der hinteren Leiste (siehe Abb. 35).

Fahren Sie mit dieser Arbeit fort, bis Sie eine Hälfte des Sitzes fertiggestellt haben. Achten Sie darauf, daß alle Knoten in dieselbe Richtung weisen. Jede Kette sollte dicht an die nächste anschließen. Wenn Sie 50 mm aufgekettet haben, wird die Arbeit leichter. Haben Sie eine Hälfte vollendet, beginnen Sie wieder in der Mitte und fahren auf dieselbe Weise fort, bis Sie die Sitzfläche komplett aufgekettet haben. Die Rohrschienen müssen sehr dicht anein-

36 Muster für Mattengeflecht (im Text erklärt)

37 Fischgrätmuster für Matten- oder Schnurgeflechte

38 Muster für Matten- oder Schnurgeflechte in Köperbindung

39 Ein Stuhl in Mattengeflecht

anderliegen und der Rahmen vollständig bedeckt sein. An den Ecken müssen Sie möglicherweise das Rohr ein- oder zweimal um den Rahmen wickeln, da der Durchmesser der Führungsschiene das Aufbringen einer weiteren Kette nicht zuläßt.

Beginnen Sie nun, die komplette Kette zu verweben. Sie fangen auf der rechten Seite an. Vermessen Sie die Länge des Rohrs genauso wie die Kettfäden. Knoten Sie das Rohr an der rechten Leiste fest, führen Sie es über drei Kettfäden, dann wieder unter drei hindurch. Auf diese Weise arbeiten Sie sich bis zur linken Leiste vor und verknoten dort wieder. Wenn Ihnen der Spannstab im Weg ist, schieben Sie ihn zur Rückseite der Sitzfläche. Er kann vollständig entfernt werden, wenn ungefähr ein Viertel des Sitzes fertig geflochten ist. Fangen Sie wieder an der rechten Seite an, und fädeln Sie unter dem ersten Kette durch. Dann geht es weiter, indem Sie wie vorher unter drei Ketten und über drei Ketten hindurchflechten, bis Sie am Ende der Reihe ankommen. Die nächste Reihe fängt an, indem Sie erst über zwei Kettstränge und dann wieder im Dreierrhythmus bis zum Ende der Reihe weiterflechten.

Wenn Sie so fortfahren und immer am Anfang einer jeden Reihe mit der Dreierkombination eine Kette später anfangen, werden Sie ein sehr interessantes, diagonal geformtes Muster in Köperbindung erhalten (siehe Abb. 36). Dieses Muster können Sie auch abwandeln, indem Sie auf der Hälfte der Sitzfläche genau umgekehrt fortfahren. So erhalten Sie ein keilförmiges Design.

40, 41, 42 Verschiedene Muster für Matten- oder Schnurgeflechte. Jedes Zählmuster kann für diese Arbeiten verwendet werden

40

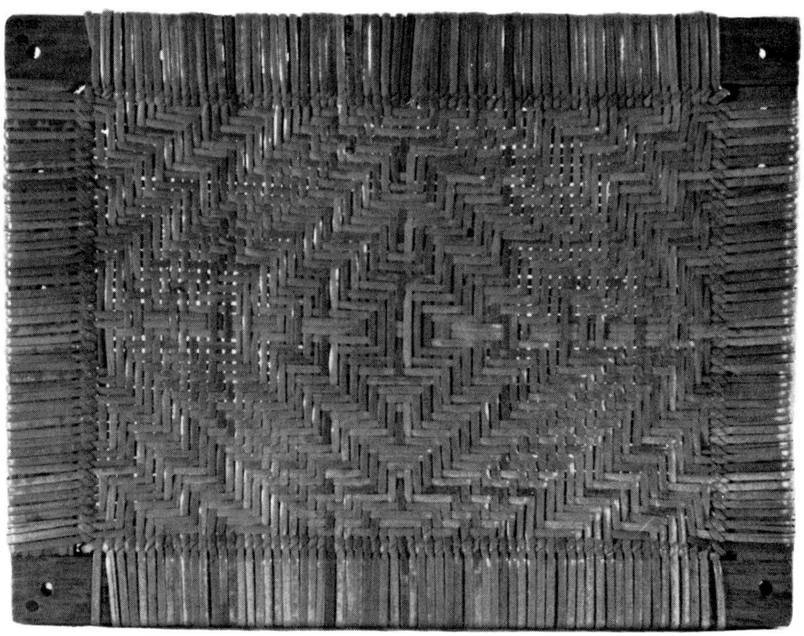

41

42

43 Muster für Matten- oder Schnurgeflecht

Vermeiden Sie es, die Grundbespannung, die jetzt unter Ihrem Flechtwerk liegt, in die Kette einzubeziehen. Das ist manchmal etwas schwierig, aber das Muster erscheint auf diese Weise einfach schöner. Es ist vorteilhaft, während der Arbeit ein feuchtes Tuch oder einen Schwamm griffbereit zu haben, damit Sie das Rohr feucht halten können. Die Wärme Ihrer Hände läßt nämlich das Rohr leicht austrocknen.

Wenn Sie bei den letzten zwei oder drei Reihen Ihres Flechtwerks angekommen sind und Sie dann plötzlich bemerken, daß Sie die Stärke Ihres Spannstabes falsch eingeschätzt haben und dadurch das Geflecht entweder zu locker oder zu fest geworden ist, feuchten Sie das Rohr am Ende der hinteren Leiste vorsichtig mit einem feuchten Schwamm an. Danach können Sie die Knoten der Kettstränge leicht lösen und sie wieder mit der richtigen Spannung festziehen. Wenn Sie Ihre Arbeit fertiggestellt haben, lassen Sie das Rohrwerk völlig austrocknen, um anschließend die überstehenden Reste sauber abzuschneiden.

Es gibt viele verschiedene Muster, die Sie flechten können. Einige davon zeigen wir Ihnen hier; darüber hinaus kann fast jedes Block- oder Zählmuster auf Sitzflächen übertragen werden (siehe Abb. 35, 36, 37 und 38).

Für manche ist es leichter, die Webstränge mit einem langen Draht in die Kette einzufädeln; dieser Draht ist leicht herzustellen. Ich selbst ziehe es jedoch vor, nur mit meinen Fingern zu arbeiten.

Binsengeflecht

Auf Menschen, die gern natürliche Materialien verarbeiten, übt die Binsenflechterei eine besondere Anziehungskraft aus. Binsen sind ein fester Bestandteil unserer Naturlandschaft. Ich bin der Meinung, daß die wichtigsten Handwerke — Töpfern, Weben und Korbflechten — sich aus einfachsten Anfängen entwickelt haben. Die Leute verwendeten die Materialien, die sie gerade greifen konnten, zur Verbesserung ihrer Bequemlichkeit und für vielfältige Einsatzmöglichkeiten in der Gemeinschaft. In früheren Zeiten benutzte man Binsen und Ried zum Bedecken des nackten Bodens der Zimmer, in denen die Familie oder die Gemeinschaft lebte. Das Material verblieb dort ein Jahr lang, bis im Herbst neues geschnitten werden konnte. Noch um 1500 wurden in England Binsen einfach auf den Boden gestreut. Man braucht nicht viel Phantasie, um sich vorzustellen, daß irgend jemand an einem dunklen Wintertag begonnen hat, einzelne Fasern zu verzwirnen, um sie anschließend zu einer ansprechenden und vielseitig verwendbaren Bodenbedeckung zu verbinden. So mag sich allmählich das wundervolle Binsenkorb- und Stuhlflechtwerk entwickelt haben, das heute noch überall zu finden ist und seinen Besitzern Freude bereitet.

Die Farbe und Struktur des Binsenmaterials hat den Vorteil, daß es zum Mobiliar jeder Epoche paßt. Binsen paßt einfach gleichermaßen in antiken oder ultramodernen Möbeln. Wir verwenden in Großbritannien die einheimischen Sorten — die englischen Grünen Binsen mit dem lateinischem Namen *Scirpus lacustris*. Dies ist die echte große Binse. Eine andere große Pflanze, die an Gräben und sumpfigen Stellen wächst und eine zigarrenförmige, samtige Spitze trägt, läßt sich ebenfalls gut zu Sitzflächen verarbeiten. Als Kinder nannten wir sie Kanonenputzer. Sie ist keine Binse, sondern ein Schilf. Es heißt *Typha latifolia* oder breitblättriger Rohrkolben. Die echte Binse trägt an ihrer Spitze nur ein kleines Rohrbüschel mit winzigen braunen Blüten, woran sie leicht zu identifizieren ist. Es gibt noch eine kleine Binse, *Juncus effusis*. Sie ist bedeutend kürzer und weicher und wird auch zur Herstellung kleiner Gegenstände benutzt. Für Sitzgeflechte ist sie jedoch ungeeignet.

Die Herstellung von Stuhl- und Schemelsitzflächen aus Binsen ist eine lohnenswerte Beschäftigung. Die Arbeit mit diesem angenehmen, weichen und anpassungsfähigen Material macht viel Freude. Wenn Sie mit Vorsicht und Geduld an die Arbeit gehen, wird Ihre Mühe reich belohnt. Die Farbe der Binsen kann sehr variieren. Die Schattierungen gehen von dunkleren bis zu helleren Grüntönen. Es gibt herrliche orange, gelbe und auch bräunliche Töne. Die echte Binse wird zwischen 1,80 m und 3 m hoch. Man findet sie an Flüssen, Teichen und in sumpfigen Gegenden. Binsen für Sitzgeflecht werden bei uns auch aus dem Ausland importiert, insbesondere aus Holland. Diese sind sehr fest und haltbar, allerdings nicht ganz so lang wie die englischen. Sie sind häufig gold- bis rehbraun. Holländische Binsen sind meistens Salzwasserbinsen.

Wenn Sie diese Binsenarten sorgfältig vorbereiten, sind sie weich und angenehm zu handhaben, und die Arbeit fällt dann leicht. Ich benutze in der Regel britische Binsen aus Huntingdon. Für mich ist es wichtig, sie direkt von den Erzeugern zu beziehen, damit sie wirklich in bestem Zustand sind. Sie werden dort — in Bunden von ca. 3 m Höhe und 1 m Umfang am unteren Ende — verkauft. Da Binsen sich von unten nach oben verjüngen, hat das Bund eine konische Form. Sie müssen an einem kühlen und luftigen Ort aufbewahrt werden und sollten aufrecht an einer Wand oder in einer Ecke stehen. Sie können auch in einem Schuppen oder in der Garage ein Seil mehrmals von einer Seite zur anderen ziehen, so daß Sie eine Art Hängematte erhalten. Hier hineingelegt bekommen die Binsen von allen Seiten ausreichend Luft. In feuchten Räumen beginnen sie zu schimmeln und verlieren dann ihre Farbe. Bei sorgfältiger Aufbewahrung bleiben sie sehr lange verarbeitungsfähig. Ich habe schon Binsen benutzt, die älter als zwei Jahre waren und sich immer noch ausgezeichnet bearbeiten ließen.

Normalerweise werden Binsen nur jedes zweite Jahr geschnitten, damit sie ihre volle Reife erreichen können. Die Erzeuger haben daher in der Regel zwei Anbauflächen, so daß jedes Jahr von einer geerntet werden kann. Erntezeit ist der späte Juli. Bei schlechtem Wetter, in einem kalten, feuchten Sommer etwa, kann sie sich auch verschieben. Wachsen sie auch nahe am oder sogar im Wasser, brauchen sie trotzdem die Sonne zur Reife. Ein kalter, feuchter Sommer kann daher auch einen schlechten Ertrag erbringen. Die Binsen werden so tief wie möglich unter Wasser abgeschnitten und anschließend an einem schattigen Platz zum Trocknen an der Luft ausgebreitet. Starkes Sonnenlicht ist schädlich, denn es läßt die schönen Farben verbleichen. Wenn auch abwechslungsreiche Schattierungen bleiben, wirken sie dennoch blaß.

Während des Trocknens sollten man die Binsen weder biegen noch knikken, da diese Stellen später brüchig werden. Ich habe sie auch schon an einem Drahtzaun entlang eines Flusses trocknen sehen. Vor dem Bündeln müssen sie vollständig trocken sein, damit sie nicht von innen her schimmeln. Daher werden die Binsen erst nach dem Trocknungsprozeß zum Verkauf gebündelt. Da Binsen genau wie Getreide angebaut werden und die Erzeuger ihren Ertrag nach der Ernte möglichst vollständig verkaufen wollen, können Sie bis zur Ernte des darauffolgenden Jahres keine Binsen mehr erwerben.

Ein Bund enthält Binsen vieler verschiedener Stärken und Längen. Ich rate Ihnen, Ihre Bunde in drei Binsengrößen aufzuteilen: dick, mittel und dünn. Die Einteilung nehmen Sie am Durchmesser des unteren Endes — an der Schnittstelle — vor. Das Verarbeiten von Binsen erfordert nur wenige Werkzeuge. Außer einer Schere, einem Zollstock und einem Maßband brauchen Sie noch eine große Sattlernadel aus Stahl und ein hölzernes Stopfholz, das man leicht aus dem Griff eines alten Holzlöffels machen kann: Trennen Sie den Löffel vom Griff, und formen Sie den Griff so, wie es in Abb. 44 zu sehen ist.

Ein Stuhl oder Schemel zum Beflechten mit Binsen muß über erhöhte Ecken verfügen, damit die Binsen am rechten Platz gehalten werden (siehe Abb. 51). Wenn Sie die Binsen zum Korbflechten verwenden, werden Sie einige von jeder Größe benötigen, je nachdem, was Sie herstellen möchten. Für Sitzbespannungen brauchen Sie hauptsächlich nur die feinen und mittleren Stärken. Daher ist es klug, bei der Bestellung anzugeben, daß Sie Binsen zum Sitzflechten haben wollen.

Die Binsen müssen vor Gebrauch angefeuchtet werden, um sie biegsam und geschmeidig zu machen. Ich suche mir gewöhnlich dreißig oder vierzig Binsen aus, deren Länge meinen Zwecken entspricht. Sie werden in der Badewanne befeuchtet, damit sie nicht verbiegen. Tauchen Sie die dicken Enden in das kalte oder lauwarme Wasser, und biegen Sie nur die Schnittenden leicht um, damit die Binsen vollständig ins Wasser passen. Legen Sie ein Tuch oder einen Schwamm darauf, um sie unter Wasser zu halten. Lassen Sie sie ein bis zwei Minuten ruhen. Dann nehmen Sie die Binsen wieder heraus, falten sie nun zur Hälfte, um ein kürzeres Bündel zu erhalten. Danach werden sie straff in ein Handtuch oder ein Stück Decke zum Ziehen gewickelt. In feuchtem Zustand lassen sie sich problemlos falten und biegen. Es ist ratsam, die Binsen schon eine Nacht vor ihrer Verarbeitung so vorzubereiten. Am nächsten Morgen werden sie im besten Zustand sein — nicht zu naß, aber weich und biegsam. Befeuchten Sie niemals mehr Binsen, als Sie auf einmal verarbeiten können! Obwohl sie wieder getrocknet und dann befeuchtet werden können, ist es ratsam, sie nach dem ersten Einweichen sofort zu verbrauchen.

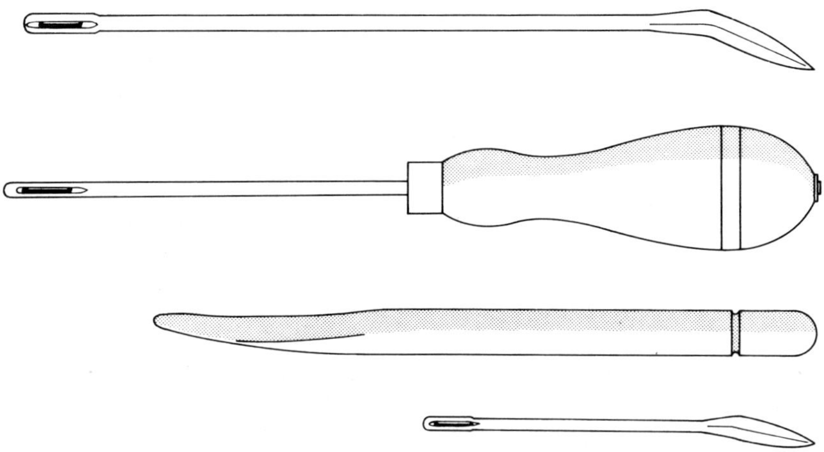

44 Werkzeuge für Binsengeflecht (auch für Schnurbespannung)

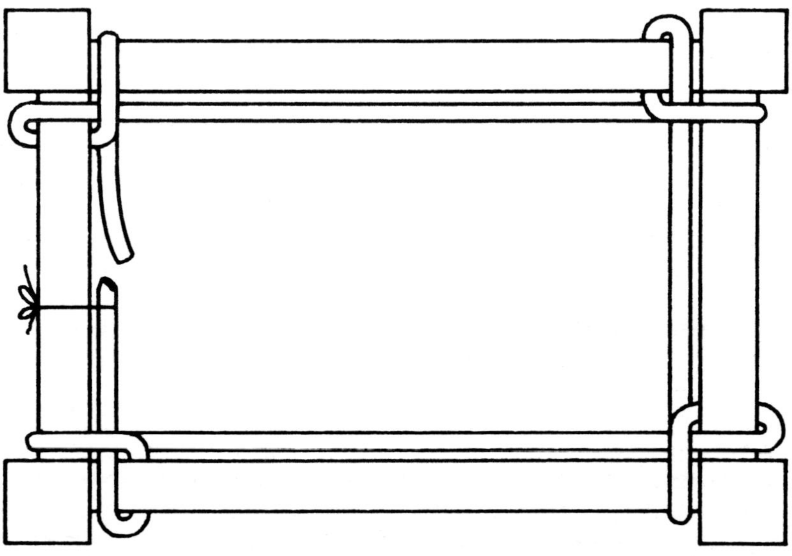

45 Der Anfang einer Binsenbespannung: Die Binsenschnur wird immer von der Ecke weg verdreht

Rechtwinklige Sitzflächen

Meine erste Anleitung behandelt die Bespannung eines rechtwinkligen Schemels. Wenn Sie die Binsen wie beschrieben vorbereitet haben, nehmen Sie möglichst zwei von gleicher Größe aus Ihrem Bündel heraus. Binsen mittlerer Stärke (ca. 19 mm — wenn sie am Ende zusammengedrückt sind) eignen sich am besten. Gewöhnlich benutzt man zwei Binsen gleichzeitig. Legen Sie diese entgegengesetzt aneinander, also die Spitze der einen an die Schnittstelle der anderen. Sie werden später miteinander verdreht, so daß Sie eine gleichmäßig dicke Binsenschnur erhalten. Bevor Sie mit dieser Arbeit beginnen, putzen Sie die Binsen mit einem Lappen, um eventuellen Schmutz zu entfernen und die Luft herauszupressen. Wischen Sie dabei immer von der Spitze zum Ende, um das Spalten der Binsen zu verhindern, wenn die Luft herausgedrückt wird. Die Spitzen sind gewöhnlich ziemlich brüchig und müssen entfernt werden. Die Haltbarkeit der Spitze können Sie leicht überprüfen, indem Sie von oben ungefähr 25 cm abgreifen und mit der rechten Hand der Spitze einen leichten Ruck versetzen. Falls sie abbricht, wiederholen Sie die Prozedur etwas weiter unten. Gehen Sie jedoch nicht zu hart mit der Binse um. Sie sollen nicht versuchen, die Spitze abzubrechen, sondern nur ihre Festigkeit überprüfen.

Wenn Sie Ihre zwei Binsen so getestet haben, legen Sie diese — wie oben beschrieben — gegeneinander und drehen das Paar ungefähr 2,5 cm weit fest ineinander. Binden Sie das Ende mit einer feinen Schnur fest zusammen. Leinenzwirn ist dazu am besten geeignet. Legen Sie diesen Faden ungefähr 15 cm von der Ecke entfernt um die linke Zarge. Binden Sie ihn ordentlich fest, und zwar so, daß die Binsen und die Verknotung auf der Innenseite des Rahmens liegen. Die Binsen werden jetzt in Form einer weichen Schnur miteinander verdreht. Halten Sie diese auf der Innenseite des Rahmens mit der linken Hand fest. Pressen Sie die Binsen mit der rechten Hand zusammen, um die Luft herauszudrücken. Dabei führen Sie die Schnur über die vordere Querzarge und an ihrer Frontseite herunter (siehe Abb. 45).

Verdrehen Sie die Schnur immer vom Rahmen weg, niemals auf ihn zu! Achten Sie darauf, daß der Strang so weich und gleichmäßig wie möglich wird. Drehen Sie niemals die eine Binse um die andere herum, beide müssen miteinander verdreht werden (siehe Abb. 46). Die Binsen werden nur auf der Oberseite des Sitzes und an der Außenseite des Rahmens miteinander verdreht (hier ist die Binsenschnur sichtbar). Auf der Unterseite der Sitzfläche sollen sie so flach wie möglich sein, so daß sie sozusagen ineinander „gebettet" werden. Auf diese Weise erhalten Sie eine hübsche Unterseite. Versuchen Sie diese so sauber wie möglich zu gestalten, wobei Sie alle Knoten und herausstehenden Enden säuberlich im Inneren der Sitzfläche verstecken.

Ziehen Sie jetzt die Schnur unter der Frontzarge hindurch, und holen Sie diese wieder unverdreht auf der Innenseite des Rahmens hoch. Danach legen Sie die Schnur über die linke Zarge, wobei Sie mit dem Verdrehen wieder beginnen, wenn Sie die Innenseite des Rahmens erreichen. Gehen Sie dann wieder an der Außenseite der Zarge herunter und unter ihr hindurch. Ziehen Sie nun die flach ineinander gebetteten Binsen quer über die gesamte Unterseite und beginnen wieder mit dem Verdrehen, wenn Sie die rechte Längszarge erreichen (siehe Abb. 46 mit dem Arbeitsmuster). Ziehen Sie die Binsenschnur ziemlich straff über den Sitz. Achten Sie darauf, daß die Binsen-

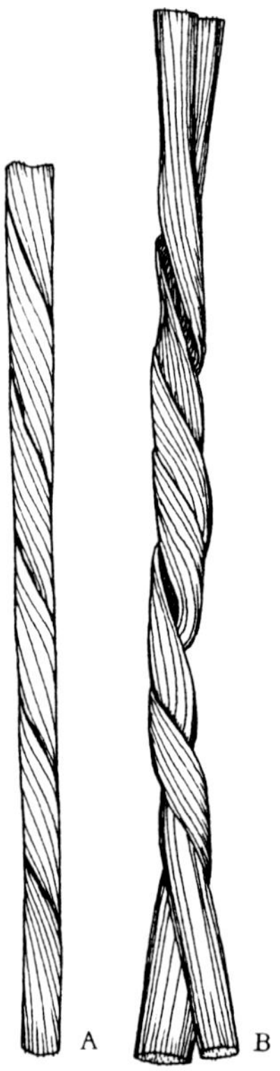

46 Binsenschnur. A ist richtig, B ist falsch

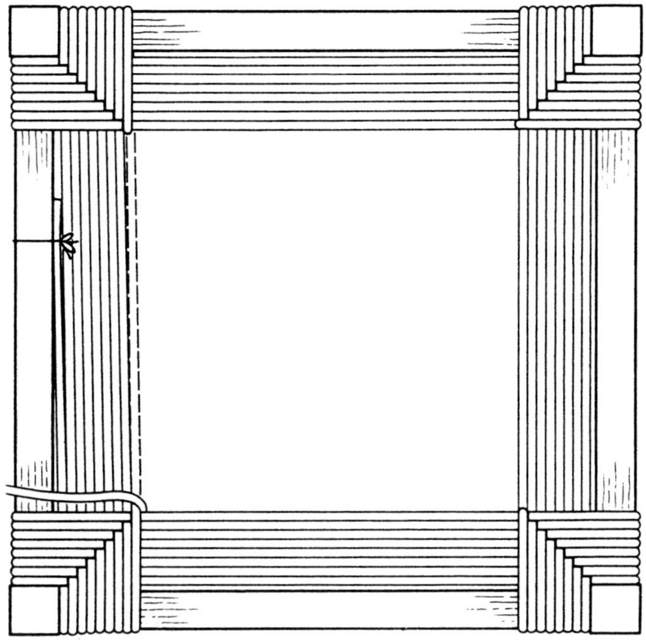

47 Sitzfläche aus Binsen. Achten Sie darauf, daß die Schnüre in den Ecken rechtwinklig angeordnet sind

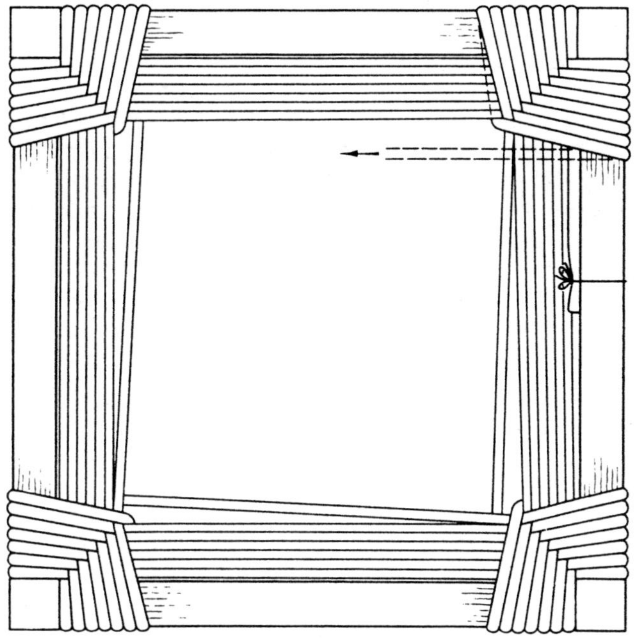

48 So ist es falsch!

schnur in den Ecken dort, wo sie sich kreuzt, absolut rechtwinklig verläuft und den Ecken des Rahmens entspricht (siehe Abb. 47 und 48).

Wenn Sie die Binsen verlängern müssen, können Sie einen *Reffknoten* benutzen. Einen anderen Knoten, den *Halbschlag*, nehmen Sie, wenn Sie eine zusätzliche Binse einfügen wollen, falls eine einzelne zu dünn sein sollte. Beide Knoten werden in den Abb. 49 und 50 gezeigt. Verknoten Sie nur im

49 Der Reffknoten in der Binsenarbeit

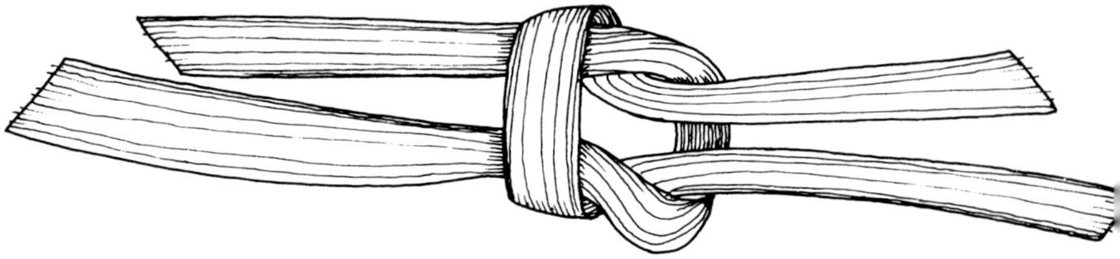

50 Ein Halbschlag

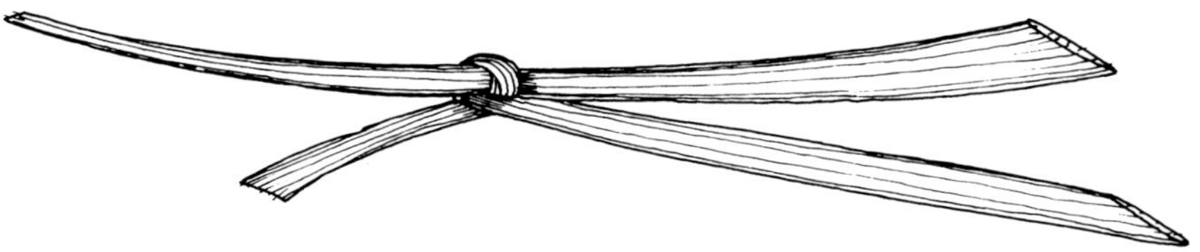

mittleren Bereichen der Zargen, auf keinen Fall in der Nähe der Ecken, da die Knoten dort den ordentlichen Verlauf des Musters stören. Ist eine Binse einmal kürzer als die andere, kann auch eine einzelne verlängert werden. Es ist nicht immer notwendig, zwei Binsen gleichzeitig zu benutzen. Dies hängt von Ihrem vorhandenen Material ab. Haben Sie einige dickere Binsen in Ihrem Bündel, können diese auch einzeln verarbeitet werden. Wenn die erste beginnt zu dünn zu werden, fügen Sie mit Hilfe eines Halbschlages eine zweite an. Das wichtigste ist, daß Sie die Stärke der Binsenschnur so gleichmäßig wie möglich halten. Ein Sitz mit dicken und dünnen Binsenschnüren, die wahllos nebeneinanderliegen, sieht furchtbar aus. Wenn Sie eine große Anzahl dünner Binsen haben, verarbeiten Sie ohne Bedenken auch drei oder vier miteinander, falls es notwendig werden sollte. Bei einer kleinen Sitzfläche legen Sie sechs Binsenschnüre auf 2,5 cm nebeneinander. Bei einem etwas größeren Schemel oder Stuhl drehen Sie etwas dickere Schnüre, so daß fünf Stück auf 2,5 cm ausreichen.

Wenn Sie ein Drittel der Sitzfläche fertiggestellt haben, müssen Sie die Ecken auspolstern (in der Fachsprache *ausschoppen*). Der Grundgedanke des Polsterns ist, die Binsenschnüre auf den Innenseiten des hölzernen Rahmens anzuheben, so daß die Sitzfläche strapazierfähiger wird. Schnelle Abnutzung an den Kanten wird vermieden und der Sitz bequemer, weil sich die Zargen nicht durchdrücken. Das Polstern wird von der Unterseite vorgenommen. Drehen Sie den Schemel um, und Sie werden auf seiner Unterseite jetzt acht kleine Taschen entdecken — zwei in jeder Ecke. Alle möglichen Binsenstücke können zum Auspolstern benutzt werden. Sie müssen jedoch absolut trokken sein. Wenn Sie feuchtes Material verwenden, wird das Aussehen Ihres Sitzes später durch Schimmel verdorben. Bilden Sie nun aus den Stücken kleine Knäuel, die Sie soweit wie möglich in jede Tasche stopfen, d.h. zwischen die obere gedrehte und untere flache Binsenlage. Drücken Sie nicht zuviel Material auf einmal hinein. Bauen Sie die Polsterung langsam auf. Die Schnüre sollten sich nur leicht vom Rahmen abheben. Ihre Bespannung wird jetzt fester und die Sitzfläche kräftiger.

Es wäre unklug, den Sitz in einem Durchgang fertigzustellen. Die Binsen schrumpfen beim Trocknen noch ein wenig. Nach einigen Tagen sollten Sie das fertiggestellte Gewebe fester zusammenschieben, um so eine glattere und dichtere Oberfläche zu erhalten. Ich stelle eine Sitzfläche immer in drei

Arbeitsschritten her. Wenn das erste Drittel fertig ist, lasse ich die Arbeit für ungefähr vierundzwanzig Stunden stehen, um anschließend die Schnüre zu verdichten. Erst danach beginne ich mit dem nächsten Abschnitt. Denken Sie immer an das Ausstopfen, wenn Sie wieder ca. 5 cm fertiggestellt haben. Wenn die Schnüre an den Rahmenzargen nur noch 5 cm voneinander entfernt sind, nutzen Sie diese Lücke zum Ausstopfen. Später bekommen Sie größere Schwierigkeiten beim Einführen des Polstermaterials.

Wenn Sie die zwei Seitenzargen mit Schnüren so dicht wie möglich abgedeckt haben, werden Sie bemerken, daß sich in der Mitte des Sitzes noch ein Freiraum befindet, der durch ein achtförmiges Geflecht aufgefüllt werden muß. Dafür legen Sie Ihre Schnur über die vordere Zarge, gehen unter ihr hindurch und in der Mitte des Sitzes wieder nach oben. Danach ziehen Sie Ihre Schnur wieder über die hintere Zarge, bringen diese unter ihr hindurch, um danach wieder in der Mitte des Sitzes heraufzukommen. Dann gehen Sie wieder zur vorderen Zarge, unter ihr hindurch usw. Setzen Sie Ihre Arbeit so fort, bis auch dieser Freiraum in der Mitte des Sitzes geschlossen ist. Es ist ratsam, vor dem Flechten der Achten die genaue Mitte der vorderen und hinteren Zarge zu markieren. Haben Sie diesen Punkt erreicht, wechseln Sie die Drehrichtung der Schnüre. Anstatt die Binsen von der Ecke weg zu verdrehen, machen Sie es genau umgekehrt. So endet Ihre Schnur zwar ein wenig versetzt von der Mitte, trotzdem sieht es so aus, als träfen sich die Schnüre in der Mitte des Sitzes. Auf diese Weise erhält die Sitzfläche ein hübscheres und symmetrisches Aussehen (siehe Abb. 51). Wenn der Zwischenraum komplett ausgefüllt ist, beenden Sie Ihre Arbeit, indem Sie Ihre letzten Binsenenden mit dem benachbarten Strang auf der Unterseite verknoten. Eine Durchzieh- oder Sattlernadel kann dabei hilfreich sein. Zum Schluß verstecken Sie die Enden im Polster.

51 Ein mit Binsenschnüren bespannter Schemel

Andere Sitzflächen

Wenn Sie einen nicht rechteckig oder quadratisch geformten Stuhl haben, den Sie mit Binsen bespannen wollen, haben Sie zunächst – speziell bei trapezförmigen Stühlen – das Problem, den zusätzlichen Raum an der breiteren vorderen Zarge auszufüllen. Erst wenn Sie dieses Problem bewältigt haben, können Sie wie bei einem rechtwinkligen Stuhl weiterarbeiten. Das Problem kann mit Hilfe von drei verschiedenen Methoden gelöst werden. Welche Sie benutzen, hängt von Größe und Umriß des Stuhles ab.

Erste Methode

Diese erste Methode wählt man am besten für einen Schlaf- oder Eßzimmerstuhl normaler Größe. Die vordere und hintere Zarge sollten 5 cm Längenunterschied nicht überschreiten. Wir nehmen einmal an, daß die vordere Zarge 5 cm länger ist als die hintere. Dann sollten fünf Schnüre 2,5 cm der Zarge abdecken. Deshalb nehmen Sie fünf Binsenpaare mittlerer Dicke. Mit jedem Paar produzieren Sie eine der fünf Binsenschnüre auf jeder Seite der Front- und Seitenzarge, so daß Sie damit die erwähnten 2,5 cm abdecken können (siehe Abb. 53). Nachdem Sie die Haltbarkeit der Spitzen überprüft und die Binsen glattgestrichen haben, legen Sie fünf Spitzen und fünf Schnittenden zusammen. Binden Sie sie mit einem Leinenfaden zu einem festen Bündel. Anschließend befestigen Sie dieses an der linken Zarge auf deren Innenseite. Die Verknotung sollte ungefähr auf der Mitte der Seitenzarge liegen. Nehmen Sie eines dieser Binsenpaare, mit einer Spitze und einer Schnittseite aneinandergelegt, und drehen Sie diese glatt zusammen. Diese Schnur legen Sie über die vordere Zarge, an ihrer Frontseite herunter und auf ihrer Innenseite wieder herauf. Danach führen Sie die Schnur über die linke Seitenzarge, an ihr herunter, unter ihr hindurch, hinüber zur rechten Seitenzarge und darüber hinweg. Gehen Sie an ihrer Außenseite wieder hinunter, anschließend wieder innen hinauf und hinüber zur rechten Seite der vorderen Zarge. Binden Sie dieses Binsenpaar mit geeigneter Schnur provisorisch ungefähr in der Mitte auf der Innenseite der rechten Zarge fest.

Verarbeiten Sie jedes der vier Binsenpaare auf diese Weise. Legen Sie jede Schnur dicht neben die vorherige, und binden Sie alle rechts provisorisch fest. Wenn alle fünf Paare verarbeitet sind, messen Sie die hintere Zarge genau aus, und vergleichen Sie die Länge mit dem an der vorderen Zarge verbliebenen Zwischenraum. Wenn die Maße übereinstimmen, können Sie Ihre Arbeit wie beim rechtwinkligen Stuhlrahmen fortsetzen. Bevor Sie jedoch damit beginnen, binden Sie die losen Binsenenden der vier Paare, die Sie zuerst verarbeitet und danach provisorisch festgebunden haben, stramm zusammen. Kontrollieren Sie danach die richtige Lage der Schnüre auf der Frontzarge. Befestigen Sie dann das Schnurbündel ordentlich auf der Innenseite der rechten Zarge, und zwar genauso, wie Sie das Bündel zu Anfang auf der linken Seite der Sitzfläche angebracht haben. Jetzt können Sie die Rundläufe mit dem fünften Paar so fortsetzen, wie vorher für die rechtwinklige Stuhlfläche beschrieben. Wenn es notwendig wird, verlängern Sie die Binsen wie in den Abb. 49 und 50 dargestellt.

Es gibt noch eine andere Verlängerungsmöglichkeit für die Binsen. Sie wird manchmal für trapezförmige Sitzflächen mit ziemlich breiter vorderer

Zarge gebraucht, da dort ein großer aufzufüllender Raum entsteht. Ich nenne sie Eckverlängerung. Sie wird benutzt, wenn die erste Hälfte des aufzufüllenden Raumes an den Ecken der vorderen Zarge mit Schnüren bedeckt ist und Sie dann feststellen, daß Ihre Binsen zu dünn waren, um die zweite Hälfte so zu vollenden, daß Sie wie beim rechtwinkligen Stuhl weiterarbeiten können. Wenn Sie die zwei Binsen von unten hochziehen, um sie für die zweite Hälfte des in den Ecken aufzufüllenden Raumes miteinander zu verdrehen, fügen Sie eine dritte Binse mit ihrem dünnen Ende hinzu, wobei Sie die ersten 5 cm von ihrer Spitze an gerechnet unter der Sitzfläche verschwinden lassen. Verdrehen Sie die drei Binsen sorgfältig zur Schnur. Durch die Verzwirbelung wird die neue Binse festgehalten. Das lose Ende können Sie an der Unterseite befestigen, wenn Sie eine weitere Runde gedreht haben. Dies ist eine sehr hilfreiche Verlängerungsmethode, da die Ecken so schneller aufgefüllt werden können.

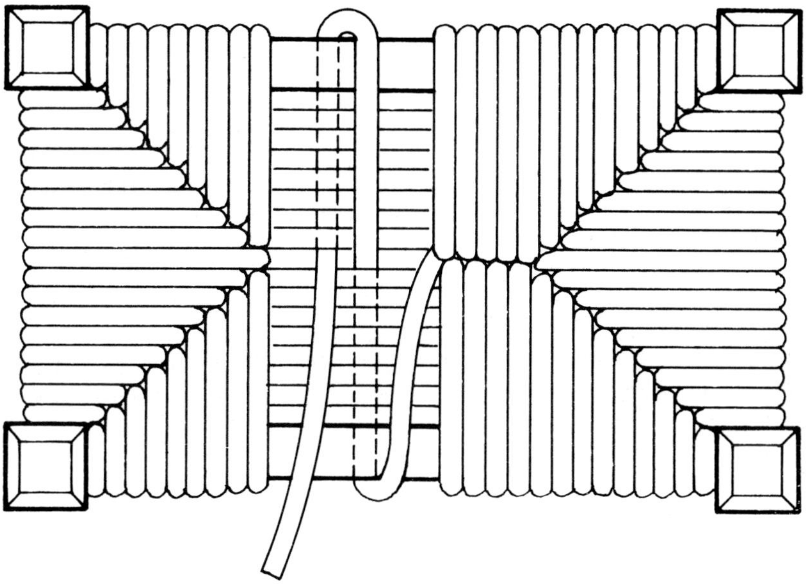

52 Die letzten Arbeitsgänge einer Binsenbespannung

Zweite Methode

Um bei der zweiten Methode den zusätzlichen Freiraum an der Frontzarge aufzufüllen, beginnen Sie mit einem Paar Binsen, das an der linken Seitenzarge festgebunden wird. Dieses führen Sie wie gewohnt um den ganzen Sitz herum (siehe Abb. 54). Wenn die linke hintere Ecke erreicht ist, teilen Sie Ihre zwei Binsen und verbinden jedes Ende mit einer neuen Binse. Benutzen Sie dazu entweder einen Reffknoten oder einen Halbschlag (siehe Abb. 49, 50 und 54). Jetzt haben Sie zwei Binsenschnüre, die Sie über die zwei Ecken der vorderen Zarge führen. Verdrehen Sie diese wieder zu einer Schnur, wenn Sie die vordere rechte Ecke aufgefüllt haben. Beachten Sie: Wird beim Verbinden zweier Schnüre Ihre Binsenschnur zu dick, teilen Sie die dickeren Binsen auf und setzen Sie ihnen neue, dünnere an. Das ermöglicht es Ihnen, die Schnur immer so gleichmäßig wie möglich zu halten.

Wenn die ganze Runde richtig fertiggestellt wurde, haben Sie drei Schnüre in jeder Ecke der vorderen Zarge, dagegen nur zwei Schnüre auf jeder Seite der hinteren Zarge. Sie können also die Anzahl der Schnüre auf der Frontseite erhöhen, indem Sie jede zweite Schnurreihe in dieser Art ausführen. Wenn der Freiraum auf der vorderen und der hinteren Zarge wieder exakt gleich ist, können Sie wie beim rechtwinkligen Stuhl fortfahren. Diese Methode ist besonders brauchbar für Stuhlflächen mit einer Differenz von mehr als 7,5 cm zwischen vorderer und hinterer Zarge. Allerdings erfordert diese Arbeitstechnik größte Sorgfalt.

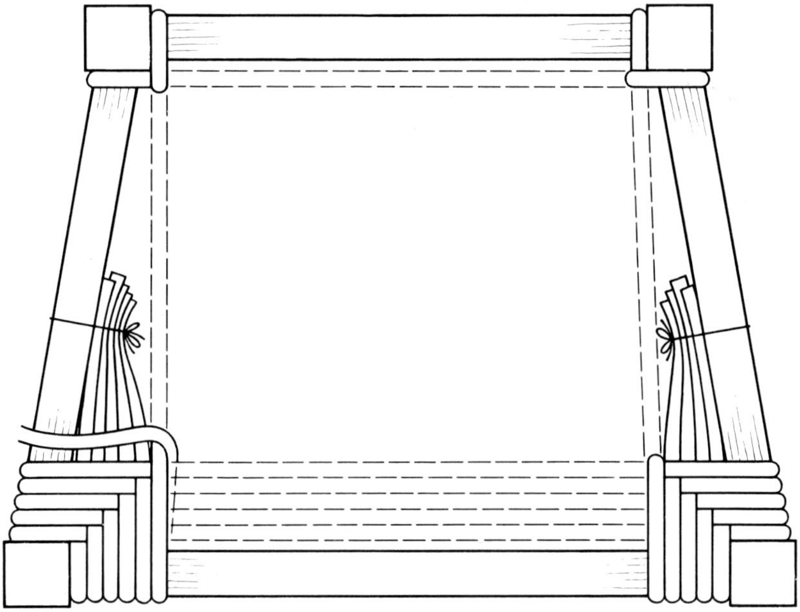

53 Binsenbespannung. Die erste Methode, den „Zwickel" in den Ecken eines trapezförmigen Stuhles auszufüllen

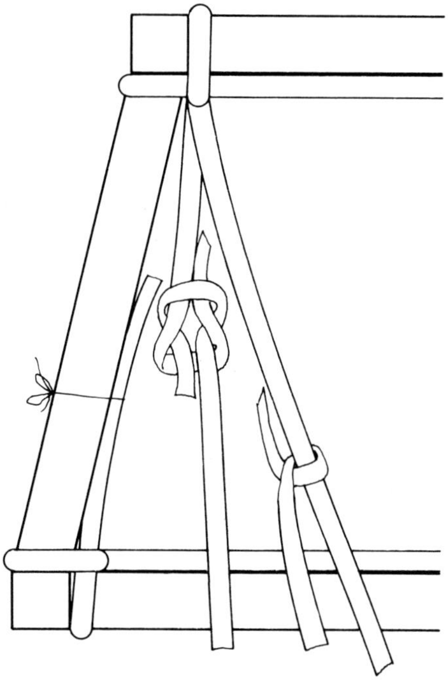

54 Binsenbespannung. Die zweite Methode, den „Zwickel" auszufüllen. Wenn Sie von der hinteren linken Ecke zur Frontleiste kommen, teilen Sie Ihre Schnur in zwei Einzelstränge. Jeden von ihnen verbinden Sie mit einer neuen Binse durch einen Reffknoten oder einen Halbschlag. Dadurch erhalten Sie zwei Binsenschnüre, die zur Frontzarge führen. Verbinden Sie die beiden Schnüre wieder miteinander an der hinteren rechten Zarge. Führen Sie jede zweite Runde so aus

55 Stuhl mit versenkter Sitzfläche aus Binsen

Skandinavische Methoden

Unterschiedlich geformte Sitzflächen

Die skandinavische Arbeitstechnik weicht von der britischen leicht ab. Mit ihr erzielen Sie sehr schöne Ergebnisse. Deshalb habe ich einige Beispiele in dieses Buch aufgenommen. Wählen Sie zwei Binsen mittlerer Stärke aus, und beginnen Sie die Schnur, indem Sie das Binsenpaar so stramm wie möglich zusammengebunden an der linken Ecke der vorderen Zarge festbinden. Jetzt ziehen Sie diese quer über die gesamte Sitzfläche, wobei Sie mit dem Verdrehen der Schnur erst kurz vor Erreichen der rechten Seitenzarge beginnen. Gehen Sie mit ihr über diese hinweg, unter der Zarge durch, an der Innenseite wieder hinauf und dann wieder zur linken Seitenzarge zurück. Diese überqueren Sie, gehen an der Außenseite hinunter. Von da aus ziehen Sie die Schnur wieder quer zur rechten Seitenzarge und über diese hinweg. So fahren Sie fort, bis Sie vier Schnüre nebeneinander auf der rechten Seitenzarge liegen haben.

Als nächstes ziehen Sie die Schnur wieder auf der Innenseite hoch, gehen nach vorn, über die vier eingespannten Stränge hinweg, zur vorderen Zarge. Diese überqueren Sie und kommen wieder in der Mitte hoch. Dann umschlingen Sie die rechte Seitenzarge. Von dort gehen Sie quer zur linken Seitenzarge, und zwar so, daß auf diese Weise auch dort die vierte Schnur zu liegen kommt. Von dieser Stelle gehen Sie über die vier Querstränge hinweg, über die Frontzarge und auf der Innenseite des Rahmens wieder hoch. Danach umschlingen Sie einmal die linke Seitenzarge und wiederholen diesen Prozeß dreimal. Anschließend verringern Sie die Anzahl der Querstränge erst auf drei und danach auf zwei. Wenn der Abstand zwischen zwei Schnurkombinationen auf jeder Seite dasselbe Maß hat wie die Breite der hinteren Querzarge,

56 Binsengeflecht im skandinavischen Stil. Beachten Sie die Schattierungen

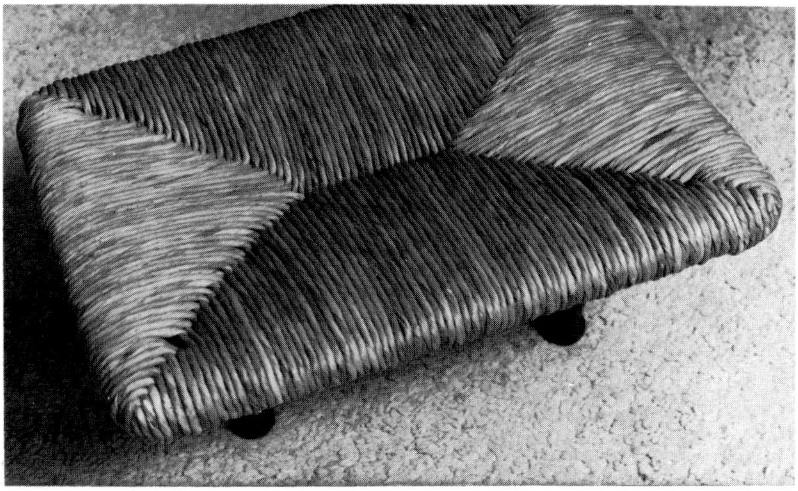

57 Skandinavische Schemelbespannung

setzt man mit der Ihnen schon bekannten Methode die Arbeit wie beim rechtwinkligen Sitz fort. Danach wird der Sitz gepolstert und wie vorher beschrieben fertiggestellt (siehe Abb. 56).

Der rechtwinklige Schemelsitz, bei dem auch die Ecken mit Binsenschnüren bedeckt sind, bietet ein weiteres interessantes Muster. Die Ecken lassen sich am besten bedecken, wenn sie etwas gerundet sind (siehe Abb. 57). Zuerst sollten alle Ecken ausgeführt werden, dabei die Schnur in Form einer Acht geschlungen werden. Dann wird der Hauptteil des Schemels in der gleichen Weise wie bei dem eben beschriebenen rechteckigen Schemel ausgeführt. Besser zur Geltung auf diesen Stühlen kommen etwas dickere Schnüre als die für die vorher beschriebenen Sitzflächen. Hier sollten Sie bereits mit vier Schnüren 2,5 cm abdecken können. Die Binsen werden wie zuvor präpariert. Achten Sie auch hier auf eine ordentliche Unterseite und Oberfläche.

Aus der Normandie kommt eine ungewöhnliche Variante der Binsenflechterei. Auch dabei werden die Sitzflächen nach der Binsentechnik bespannt, nur benutzt man ein anderes Material. Anstelle von Binsen wird ein feines Riedgras verarbeitet. Da die Halme sehr dünn sind, müssen acht oder zehn Stück gebündelt werden, um eine entsprechende Schnur zu erhalten. Diese Schnüre werden mit Stroh umwickelt, was ihnen eine wunderbare gelbe Farbe gibt. Nur für die sichtbare Oberfläche des Sitzes und des Rahmens wird die Schnur mit Stroh umwickelt. Für die Unterseite wird kein Stroh benutzt. So erhält die Oberfläche ein attraktives Muster. Es erfordert große Aufmerksamkeit und Sorgfalt, wenn Sie Riedgras zu einer gleichmäßigen und ebenen Schnur verdrehen wollen (siehe Abb. 58).

Ich habe verschiedene auf diese Weise bespannte Sitze gesehen, einige davon mit Strohumwicklungen in verschiedenen Farben. Zwei Stränge waren mit blasserem Stroh gearbeitet, die nächsten zwei mit einer dunkleren Schattierung. Dadurch ergibt sich ein leichter Streifeneffekt auf der gesamten Sitzfläche (siehe Abb. 59).

58 Sessel aus der Normandie. Mit Ried bespannt, das nach einer traditionellen Methode der Region mit hellem, goldenem Stroh umwickelt wurde

59 Stuhl aus der Normandie. Hier ist die Schnur mit Stroh in zwei verschiedenen Farben umwickelt, um den abgebildeten Streifeneffekt zu erhalten.

Weidengeflecht

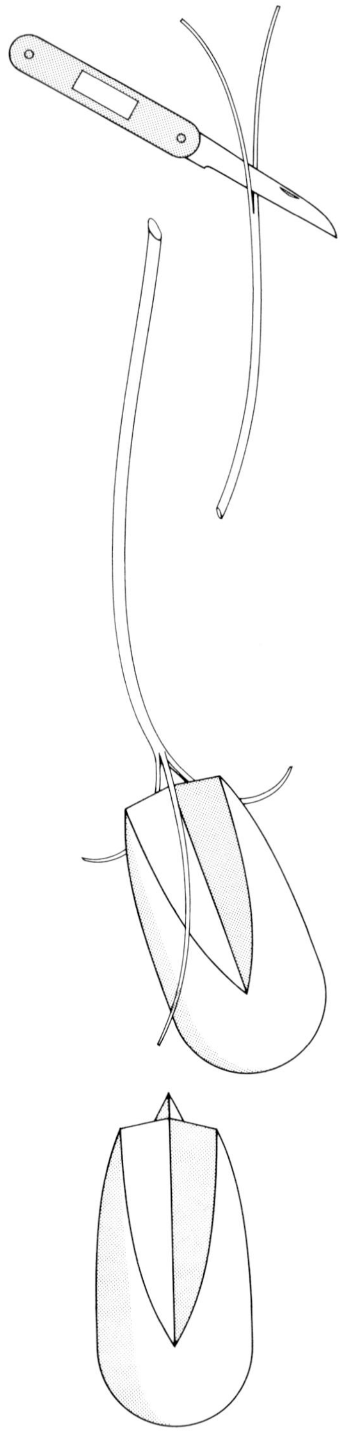

60 Das Teilen der Weiden mit dem Taschenmesser oder dem Spalter

In früheren Zeiten war die Verwendung von Weidengeflecht auf Stühlen weitaus verbreiteter als heute. Das liegt vielleicht daran, daß die Verkehrswege damals schlechter und andere Materialien schwierig zu finden waren. Weiden dagegen wuchsen überall und wurden daher gern verarbeitet. Ich habe aus Weidenruten geflochtene Sitzgelegenheiten ab und zu in ländlichen Gegenden angetroffen, manchmal in einem Privathaushalt, manchmal im Dorfgasthaus. In weidenreichen Gegenden kommen sie häufiger vor. In England findet man Weiden besonders in Somerset, East Anglia und Lincolnshire.

Die Weide ist reich an Arten. Nur einige von ihnen sind für Korbflechterei und Sitzgeflechte geeignet. Die ergiebigsten Bäume wachsen in Wassernähe, an Flußufern oder Auen. Man beschneidet sie im Frühling, wenn die Säfte zu steigen beginnen, oder im späten Herbst, wenn die Ruheperiode beginnt. Es werden nur lange, schlanke, einjährige Ruten geschnitten, die deshalb noch keine Seitenschößlinge haben. Das wohlbekannte attraktive Rötlichbraun wird erzielt, indem die Weiden einige Stunden gesotten werden. In dieser Zeit durchdringt der Rindenfarbstoff *Tannin* die Rute vollständig.

Nach diesem Arbeitsgang kann die Rinde leicht abgeschält werden. Danach erhalten Sie die schönen braunen Ruten. Man kann die Rinde auch entfernen, ohne vorher gesotten zu haben. Dann sind weiße Ruten das Resultat. Wenn Sie beim Flechten zwei Farben gleichzeitig verwenden, erhalten Sie lebendige Effekte. Wenn Sie die Weiden direkt beim Erzeuger kaufen, bekommen Sie in der Regel nur gesottene braune Ruten, nach weißen müssen Sie extra fragen. Ich habe meine Ruten selbst geschnitten und geschält. Weidenruten werden in England in der Regel in Längen von 92, 106 und 120 cm verkauft.

Vor ihrer Verwendung müssen die Ruten eingeweicht werden. Dazu legt man sie für ungefähr eine Stunde in kaltes oder lauwarmes Wasser. Für dünne Ruten reicht auch eine halbe Stunde. Decken Sie die Ruten mit einem Tuch oder einem Schwamm ab, damit sie unter Wasser bleiben. Am Ende der Einweichzeit nehmen Sie die Ruten aus dem Wasser und schlagen sie in ein Tuch ein, um sie darin noch mehrere Stunden durchziehen zu lassen. Wenn Sie die Ruten über Nacht eingewickelt liegen lassen, haben sie am nächsten Morgen die beste Verarbeitungsqualität. Die längeren, dickeren Ruten brauchen eine längere Einweichzeit, um geschmeidig zu werden. Vor dem Flechten müssen Sie die brüchigen Spitzen der Weidenruten entfernen.

Zuerst wird die hintere Zarge des Stuhles in ihrer gesamten Länge umwickelt. Dünne Weiden benutzen Sie dazu, wie sie sind. Wenn Sie größere und stärkere nehmen, teilen Sie die Ruten mit Hilfe eines Taschenmessers in zwei Hälften oder dritteln diese mittels eines Spalters (siehe Abb. 60). Nachdem Sie die Rute aufgespalten haben, entfernen Sie das Mark mit einem Taschenmesser. Für diesen Zweck gibt es auch ein Spezialwerkzeug. Bevor Sie nicht ganz genau wissen, ob Sie es sehr oft benötigen, sollten Sie dafür kein Geld ausgeben.

Wenn Sie die hintere Zarge umwickeln, binden Sie zur Verlängerung das Ende einer jeden neuen Rute mit ein. Am Ende der Zarge angekommen, steken Sie das Endstück unter die Umwicklung. Umwinden Sie jetzt die Frontzarge. Immer wenn Sie ungefähr 2,5 cm gewickelt haben, schalmen Sie das dünne Ende der Stake an der Innenseite des Rahmens an (*anschalmen* = einwickeln). Dann ziehen Sie die Stake nach vorn durch über die Zarge hinweg nach hinten (siehe Abb. 61). Fahren Sie so fort, wobei Sie etwa alle 3,5 cm eine neue Stake einsetzen. Jede von diesen Staken muß so lang sein, daß sie sich vorn anschalmen läßt und einmal um die Zarge herum geht. An der Hinterleiste muß ein Überstand von mindestens 6,5 cm bleiben, um die Staken dort später befestigen zu können. Die Staken sind, um zur Verdeutlichung die Fachsprache der Weber zu benutzen, die Kettfäden, auf welche Sie später das Quergeflecht *aufzäunen* (= flechten). Für einen kleinen Stuhl benötigen Sie ungefähr sieben Staken, auf denen Sie später die Sitzfläche aufzäunen werden. Wenn Sie alle Staken angeschalmt haben, spannen Sie am besten entlang der hinteren Zarge eine Schnur quer über den Sitz, so daß die Weidenruten unten gehalten werden. Wenn sie frei in die Luft ragen, läßt sich nur sehr schwer darauf zäunen.

Mit dem Zäunen beginnen Sie an der linken Seite der Frontzarge. Sie stekken das dünne Ende der ersten Rute unter die linke Stake und gehen dann abwechselnd unter den nächsten Staken hindurch und über sie hinweg, bis Sie die rechte Seite erreicht haben (siehe Abb. 62). Dann schlagen Sie die Rute einmal um die rechte Zarge, machen noch einen kompletten Rundschlag und zäunen dann in umgekehrter Richtung auf, wobei Sie nun die Stake, die Sie vorher unterquert haben, überqueren. Wickeln Sie die Rute auf der linken wie vorher auf der rechten Seite zweimal um die Seitenzarge. Verlängern Sie Ihre Ruten, indem Sie zwei dicke Enden aneinanderlegen. Fügen Sie diese auf der Unterseite unter einer Stake nebeneinander. Dünne Enden überlappen Sie ca. 13 cm. Danach arbeiten Sie wie gewohnt weiter, wobei Sie das kurze Stück bis zu seinem Ende mitnehmen. Wenn notwendig, umwinden Sie bei jedem Durchgang die Seitenzarge so oft, daß Ihre Zäunung immer parallel verläuft. Arbeiten Sie sich zur Rückseite des Sitzes vor, indem Sie die Ruten so fest wie möglich aneinanderdrücken. Lassen Sie das letzte Endstück auf der Unterseite an der letzten Stake aufliegen. Anschließend weichen Sie die noch immer losen Enden der Staken ein, um sie besonders biegsam zu machen. Machen Sie mit einer jeden einen Rundschlag über die hintere Zarge. Gehen Sie über diese hinweg und auf der Innenseite der Sitzfläche wieder hoch.

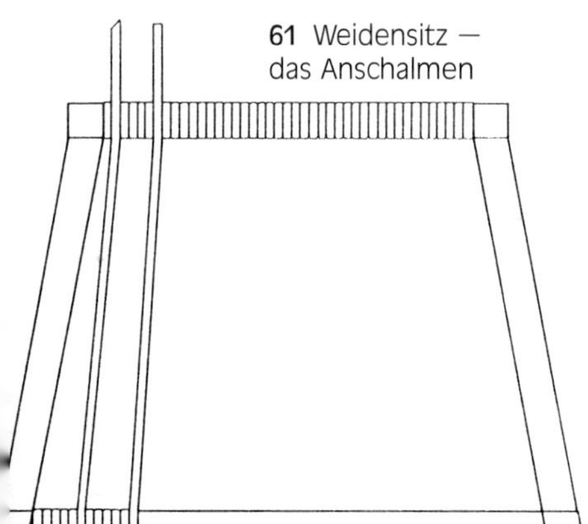

61 Weidensitz – das Anschalmen

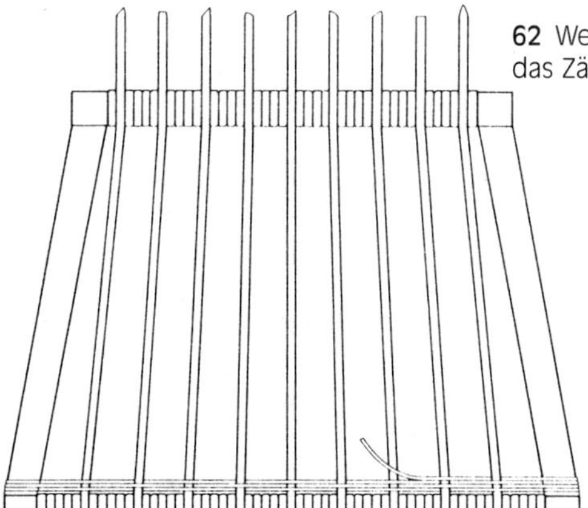

62 Weidensitz – das Zäunen

Im Anschluß überqueren Sie die erste Stake und lassen das Ende unter der zweiten anliegen (siehe Abb. 64). Eine Rundzange kann Ihnen bei dieser letzten Arbeit sehr hilfreich sein, um die Staken sorgfältig zu biegen und um die Zarge herumzuziehen (siehe Abb. 63). Auf der Unterseite werden alle Enden so abgeschnitten, daß sie ordentlich auf den Staken aufliegen. Schneiden Sie jedoch die Enden niemals ab, bevor Ihre Sitzfläche vollständig ausgetrocknet ist. Die Ruten könnten noch schrumpfen und dadurch zu kurz werden.

63 Ein Stuhl mit Weidengeflecht

64 Weidengeflecht. So verarbeitet man die Staken an der hinteren Zarge
Kleine Zeichnung: Weidenverbindungen auf der Unterseite des Sitzes. Lassen Sie dünne Enden (Spitzen) ca. 15 cm überlappen. Dicke Enden legen Sie unter einer Stake nebeneinander

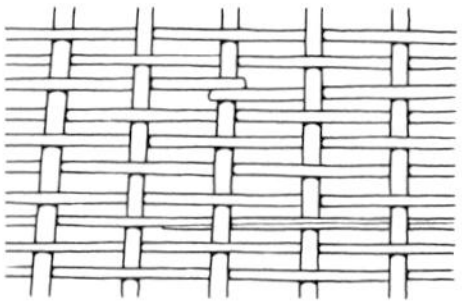

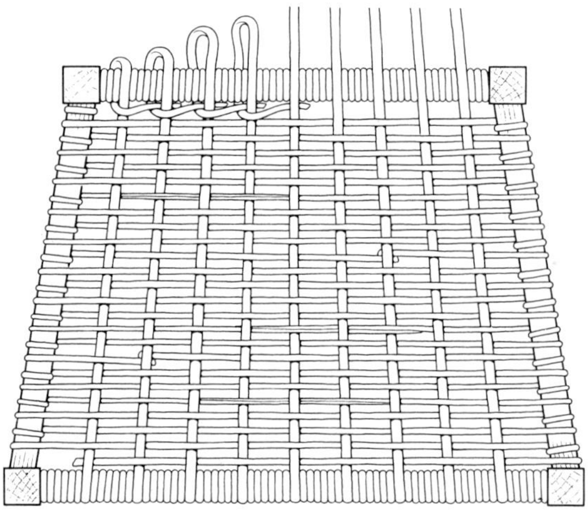

China-Binsenschnur

China-Binsen, auch Seegras genannt, ist eine grobe Grasart, die hauptsächlich in asiatischen Ländern wächst. Nach der Ernte wird das Seegras maschinell zu einer fortlaufenden Schnur verzwirnt (Seegras-Schnur, Elha-Schnur). Diese wird in verschiedenen Stärken geliefert und kann sowohl in ihrer natürlichen Farbe als auch in verschiedenen Rot-, Blau-, Braun- und Grüntönen erworben werden. Es gibt zweifarbige Stränge, in denen verschiedenfarbige Schnüre miteinander verzwirnt wurden. Dies ergibt einen lebendigen Effekt. China-Binsenschnur ist etwas schwieriger zu handhaben, trotzdem wird sie oft für Schemel und andere Sitzgelegenheiten verwandt, da sie sehr strapazierfähig ist. Sie kann auch wie die anderen Binsen zu Karomustern verschiedener Variationen verflochten werden.

China-Binsenschnur wird bei uns in 500-Gramm-Docken verkauft. Grob geschätzt reicht ungefähr eine Docke aus, um einen quadratischen Schemel mit einer Seitenlänge von 30 cm zu bespannen. Genau wie bei Sitzflächen aus Binsen werden für China-Binsen und andere Schnüre solche Schemel oder Stühle benötigt, die über erhöhte Ecken verfügen, um das Geflecht am richtigen Platz zu halten. Beim Flechten eines Karomusters bespannen Sie sowohl die Ober- als auch die Unterseite der Sitzfläche. Deshalb benötigen Sie zwei Spannstäbe, einen in der Mitte der Sitzoberseite und einen auf der Unterseite, damit Sie genug Spiel erhalten, um das Muster auf die Kette zu flechten. Befestigen Sie diese beiden Stäbe mit einer Schnur auf dem Schemel. Jetzt können Sie beginnen: Nehmen Sie ein langes Ende China-Binsenschnur und wickeln Sie diese auf einer Spule zu einem Knäuel. Machen Sie einen einfachen Knoten am Ende und heften ihn an den Rahmen der linken Zarge.

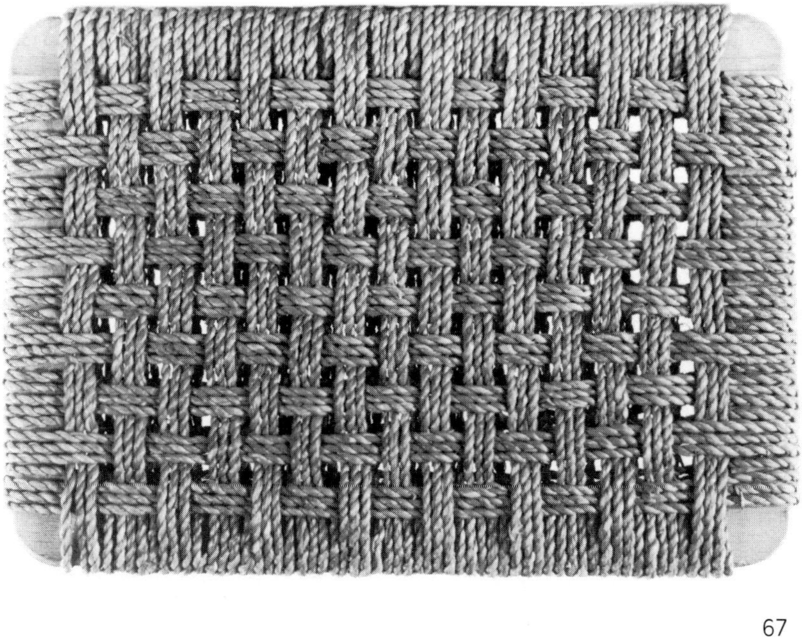

65 Ein Sitz aus China-Binsenschnur, beidseitig geflochten (dadurch doppelt belastbar)

66 Sitz aus China-Binsenschnur, in Doppelstrangtechnik verarbeitet (siehe Text)

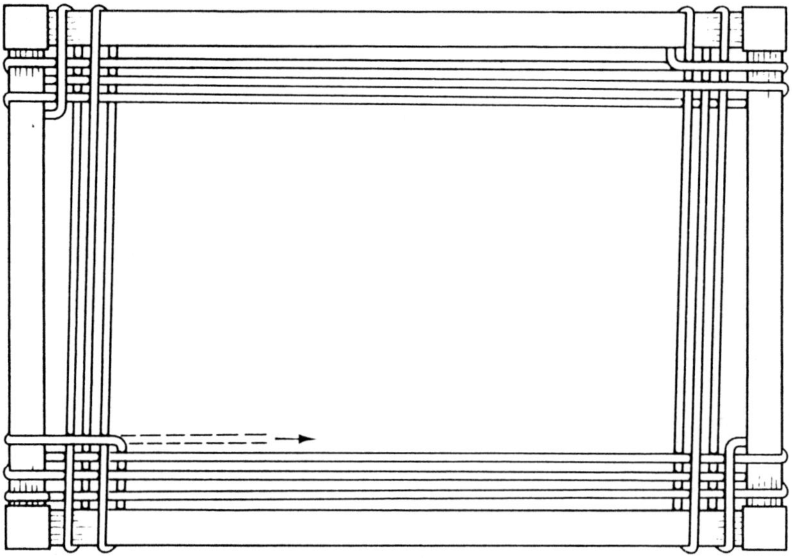

67 Fertiger Sitz aus China-Binsenschnur in Doppelstrangtechnik

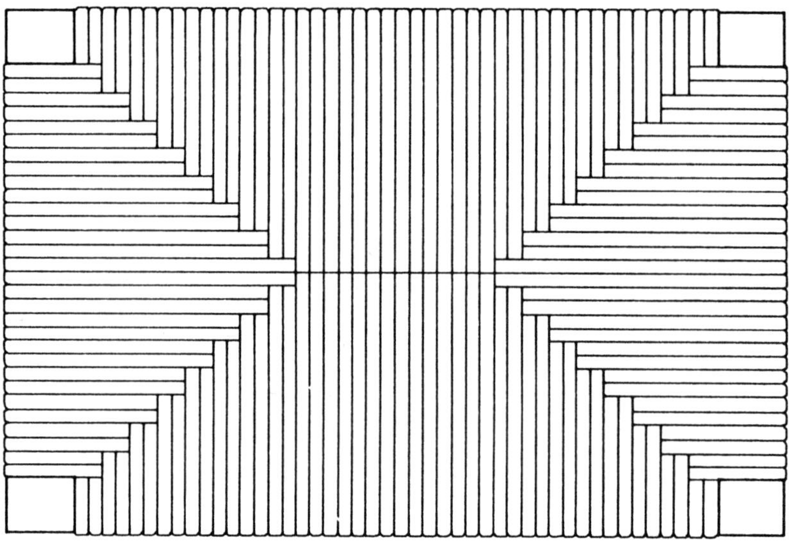

Jetzt beginnen Sie die Kettfäden aufzuziehen. Führen Sie die Schnur von unten nach oben, und wickeln Sie diese einmal um die vordere Zarge. Dann führen Sie die Schnur zur hinteren Zarge und wickeln sie einmal darum. Als nächstes ziehen Sie Ihre Schnur zur Ecke, danach über die hintere Zarge und zweimal um den ganzen Sitz. So erhalten Sie schließlich einen Block von drei Strängen.

Machen Sie noch einen zusätzlichen Rundschlag um die vordere Zarge. Von dort gehen Sie zur hinteren und über diese hinweg. Hierbei machen Sie noch einen zweiten Rundschlag über die hintere Zarge zwischen dem dritten und vierten Strang. Fahren Sie mit dieser Arbeit fort, bis Sie zur gegenüberliegenden Seite des Stuhles kommen. Schließlich sollten Sie an jeder Seite einen Block von drei Strängen erhalten, die jeweils von einer kurzen Wicklung, sowohl an der vorderen als auch an der hinteren Zarge, getrennt werden.

Wenn Sie das Ende erreichen, ziehen Sie Ihre Schnur an der rechten Seite heraus, indem Sie unter der rechten Zarge hindurchgehen und mit einem Rundschlag darüber hinwegwickeln.

Jetzt fädeln Sie das Seegras in eine Durchziehnadel und flechten es zur linken Zarge, wobei Sie einmal unter einer Dreiergruppe hindurch und dann über die nächste Dreiergruppe hinweg flechten. Machen Sie an der Seitenzarge wieder einen kurzen Rundschlag und verflechten die Stränge auf der Unterseite genauso. Wiederholen Sie diese Reihe zweimal, wobei Sie immer einen kurzen Rundschlag um die Zarge machen, wenn der dritte Strang eingeflochten ist.

Die nächste Flechtreihe beginnen Sie, indem Sie die Schnur unter jener Kette hindurchziehen, die Sie zuvor überquert haben. Überqueren Sie jene Dreierblocks, die Sie vorher unterflochten haben. Wiederholen Sie diesen Arbeitsgang noch zweimal. Beenden Sie ihn auf jeder Seite mit einem kurzen Rundschlag. Wiederholen Sie diesen Dreierblock dreimal. Der Spannstab kann nun entfernt werden; danach vervollständigen Sie auf die oben beschriebene Weise in Dreierblöcken Ihre Sitzfläche (siehe Abb. 67).

Fädeln Sie das Ende Ihrer Schnur auf der Unterseite in die Kettfäden ein, so daß das Ende verschwindet. Wollen Sie auf dieser Seite ein anderes Muster als oben flechten, so können Sie dies durchaus machen. Ober- und Unterseite brauchen nicht identisch zu sein. Auf jeden Fall sollte die Unterseite auch durchflochten werden.

Um zwei Fäden miteinander zu verbinden, drehen Sie das Ende ungefähr 8 cm weit auf, dann stecken Sie das neue Ende zwischen die Verzwirbelungen und drehen die Schnur wieder 2,5 cm zusammen. Fädeln Sie nun das Endstück durch den neuen Faden und drehen alles zusammen. Diesen Vorgang nennt man spleißen. Dies ist die beste Methode (siehe Abb. 72). Machen Sie Verbindungen am besten nur an der Unterseite des Sitzes. Das Sitzmuster aus feiner Schnur, das Abb. 70 zeigt, kann auch mit China-Binsenschnur geflochten werden.

Es ist nicht ratsam, China-Binsenschnur für Metallstühle zu benutzen. Durch Metallkanten wird sie zerstört. China-Binsen können entsprechend dem Muster aller anderen Binsenstühle verarbeitet werden. Nageln Sie die verknotete Binsenschnur in der vorderen Ecke der linken Seitenzarge fest.

68 Die Verbindung von China-Binsenschnüren durch Spleißen. Drehen Sie das alte Ende 5 bis 7,5 cm auf, stecken Sie den Anfang der nächsten Schnur hindurch und fädeln Sie diese wieder durch das alte Ende in 2,5 cm Entfernung zurück. Fädeln Sie jetzt das alte Ende durch die neue Schnur, ziehen Sie danach beide Schnüre fest zusammen

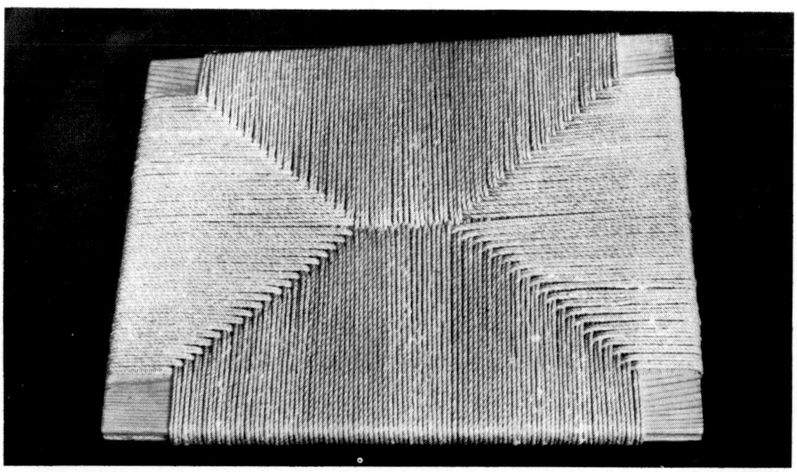

69 Schnurbespannter Sitz. Nach dem Binsenflechtmuster gearbeitet, allerdings in Doppelstrangtechnik – sie ist auch für China-Binsenschnur geeignet

70 Sitz eines Schemels aus feiner Schnur — beidseitig in zwei Farben geflochten

Gehen Sie dann über sie hinweg, unter ihr hindurch und geradewegs zur rechten Zarge, als nächstes über diese hinweg und hinüber zur linken Seitenzarge, jetzt unter ihr hindurch und wieder hinüber zur rechten Zarge. Anschließend ziehen Sie die Schnur zur Sitzmitte hin, dann hoch über die eingezogenen Stränge hinweg, ebenfalls über die vordere Zarge, unter ihr hindurch und dann hinüber zur hinteren Zarge. Dort wieder unter dieser hindurch und zurück zur Frontzarge. Von da geht es wieder unter ihr durch und zurück zur hinteren Zarge. Ziehen Sie nun die Schnur wieder auf der Innenseite hoch, über die hintere Zarge zur Unterseite und wieder hinauf über die Frontzarge. Zum Schluß gehen Sie nochmals unter dieser hindurch, hinüber zur hinteren Zarge, dort hinauf und zurück nach vorn, dann untendurch hinüber zur Rückzarge, wieder hinauf und wieder nach vorn.

Wenn Sie mit China-Binsenschnur arbeiten, ist es ratsam, immer zwei Stränge um die Ecken zu führen, da sie leicht verrutschen. Sie legen sich dann leicht übereinander, was sich durch Doppelstränge vermeiden läßt (siehe Abb. 65 und 66). Dies alles klingt ziemlich kompliziert, aber wenn Sie die Zeichnungen sorgfältig studieren, werden Sie sehen, wie es funktioniert. Möglicherweise müssen Sie zweimal hin und her und um die Ecke gehen, um die nächsten beiden Stränge zu beginnen. Wenn die Seiten ausgefüllt sind, bevor die hinteren und vorderen Leisten bedeckt sind, setzen Sie mit dem Einziehen von Achten fort, wie ich es schon im Kapitel über das Binsengeflecht beschrieben habe (siehe Abb. 69). Diesen Sitz können Sie auch mit China-Binsenschnur bespannen. Wenn alles fertig ist, vervollständigen Sie Ihre Arbeit, indem Sie das Ende Ihrer Schnur an einem benachbarten Strang an der Unterseite fest verknoten und verstecken. Dieser Sitz kann auch mit kleinen Papierkissen ausgepolstert werden.

Sonstige Schnüre

Schnüre (Kordeln) werden nicht immer aus natürlichen Materialien hergestellt, aber da Sie ein gebräuchliches Material für Stuhlbespannungen sind, füge ich diesem Buch ein kleines Kapitel zu diesem Thema an.

Am häufigsten wird bei uns das sogenannte *Whipcord* (Peitschenschnur) benutzt. Diese Schnur ist sehr fest und haltbar, und vor allem dehnt sie sich nicht. Dies ist eigentlich der wichtigste Punkt, da einige Materialien, die für Sitzbespannungen verkauft werden, später enttäuschen, weil sie zum Durchsitzen neigen. Von der gebräuchlichsten Schnur gibt es zwei Stärken: eine dünnere, die für doppelte Bespannungen, also für die Ober- und Unterseite benutzt wird, und eine dickere für die einfachen Bespannungen.

Alle Sitzflächen sollten zur Erleichterung Ihrer Arbeit über die schon vorher beschriebenen erhöhten Ecken verfügen. Auch hier sind Spannstäbe notwendig: ein ziemlich dünner für die feinere Schnur, ein stärkerer für dikkere Sorten. Wie ich schon in dem Kapitel über Mattengeflecht erwähnte, ist es fast unmöglich, genaue Stärken für diese Stäbe anzugeben. Jeder Stab verursacht eine andere Spannung. Ein Stab von 13 mm Breite und 6 mm Stärke entspricht mittlerer Größe. Möchten Sie ein sehr dichtes Geflecht herstellen, müssen Sie möglicherweise einen dickeren benutzen.

Für eine doppelt bespannte Sitzfläche legen Sie einen Spannstab auf die Oberseite und einen auf die Unterseite der Mitte der Seitenzargen. Binden Sie die Stäbe dort fest, bis Sie einige Reihen Ihrer Bespannung fertiggestellt haben, um die Spannstäbe in ihrer Position zu halten. Die Kette wird zuerst

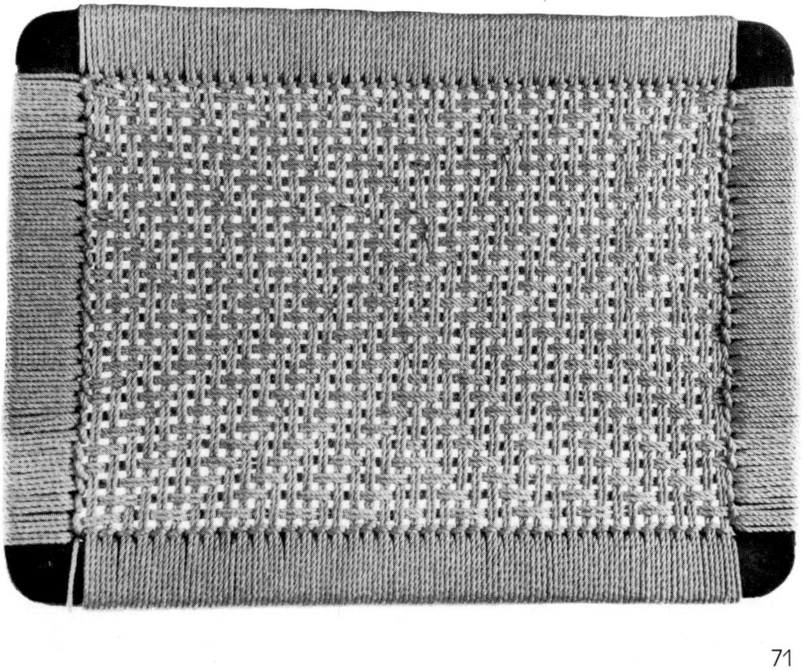

71 Einfache Sitzfläche aus dicker Schnur

aufgezogen. Machen Sie einen Knoten an den Anfang Ihrer Schnur. Befestigen Sie diese auf der Innenseite der linken Seitenzarge dicht an der vorderen Ecke. Ziehen Sie die Schnur auf der Außenseite der vorderen Zarge hoch, führen Sie die Schnur über sie und den Spannstab hinweg. Ziehen Sie die Schnur über die hintere Zarge, unter dieser hindurch, und überqueren den Spannstab, so daß Sie an der vorderen Zarge wieder herauskommen. Setzen Sie diese Wicklung über den ganzen Stuhl fort, wobei Sie die Kettfäden so dicht wie möglich nebeneinanderlegen. Wenn Ihre Kette komplett aufgezogen ist, führen Sie Ihre Schnur um das hintere rechte Stuhlbein, um fortzufahren. Wenn Sie nun eine andere Farbe verwenden wollen, befestigen Sie den neuen Anfang wie vorher auf der Innenseite der Zarge.

Für das Gewebe benutzen Sie jetzt eine Durchziehnadel. Nehmen Sie eine etwas kleinere als die, die Sie für Binsen benutzt haben. Ziehen Sie Ihre Schnur unter zwölf Kettfäden hindurch und über zwölf hinweg, so daß Sie an der linken Seitenzarge herauskommen. Das in Abb. 70 abgebildete Sitzmuster hat 192 Kettfäden, die gleichmäßig aufgeteilt wurden. Versuchen Sie, Ihre Arbeit so auszuführen, daß Sie an jedem Ende des Schußfadens dieselbe Anzahl Kettfäden haben.

Ziehen Sie fünf weitere Schußfäden über und unter den gleichen Ketten hindurch, so daß die erste Reihe aus einem Block von sechs Fäden besteht, und zwar sowohl auf der Ober- als auch auf der Unterseite der Sitzfläche. Nach jedem Durchgang machen Sie einen einfachen Rundschlag um die Seitenzarge und weben dann zuerst über sechs Kettfäden, dann unter zwölf und über zwölf und wiederholen dies bis zum Ende der Reihe, wo Sie — wie zu Beginn — wieder sechs Kettfäden überqueren sollten.

Danach setzen Sie Ihre Arbeit auf der Unterseite fort, indem Sie fünf weitere Schußfäden über und unter denselben Kettfäden hindurchziehen. Beginnen Sie den nächsten Block mit dem kurzen Rundschlag über die Seitenzarge. Als nächstes geht es wieder über zwölf Kettfäden hinweg und unter zwölf hindurch. Sie umrunden den Sitz und wiederholen diese Reihe fünfmal. Diese Kombination setzen Sie fort, indem Sie jedesmal nach einem Block von zwölf Fäden einen kurzen Rundschlag um die Seitenzarge machen. Wenn Sie wollen, können Sie dieses Muster über den ganzen Sitz fortsetzen. So erhalten Sie ein hübsches Diagonalmuster. Sie können aber auch nach vier Blöcken das Muster umkehren und nach rechts versetzen, dann wechseln Sie wieder die Richtung nach links. Wenn Sie so fortfahren, erhalten Sie ein Zickzackmuster (siehe Abb. 70). Vervollständigen Sie Ihre Arbeit, indem Sie das Ende der Schnur auf der Unterseite an einigen Kettfäden verknoten. Benutzen Sie dafür den Reffknoten, und verstecken Sie die Enden unter den Blöcken.

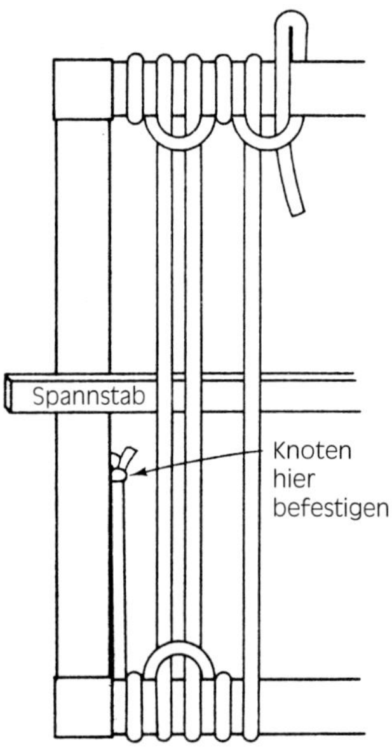

72 Schematische Darstellung der Kettfäden für einen schnurbespannten Sitz

Eine dickere Schnur wird für die einfachen Bespannungen verwandt. Auch hierfür brauchen Sie einen Spannstab. Legen Sie ihn wieder in die Mitte über die zwei Seitenzargen, und ziehen Sie die Kette auf. Aus der Hälfte Ihres Knäuels wickeln Sie ein kleines Knäuel. Verknoten Sie den Anfang, und befestigen Sie ihn an der linken Seitenzarge in der Nähe der vorderen Ecke. Ziehen Sie das Knäuel unter der vorderen Zarge hindurch, umrunden sie einmal, so daß Sie wieder vorne herauskommen. Dann führen Sie die Schnur wieder zur hinteren Zarge, wobei Sie den Spannstab überqueren. Es folgt ein kleiner Rundschlag nahe der hinteren Ecke um die Zarge, dann machen Sie einen halben Rundschlag über den ersten Kettfaden, gehen wieder nach unten, ziehen den Faden unter der hinteren Zarge durch, gehen über sie hinweg und mit dem Knäuel durch die entstandene Schlaufe (siehe Abb. 72). Jetzt ziehen Sie die Schnur nochmals nach vorn und machen wieder einen halben Rundschlag

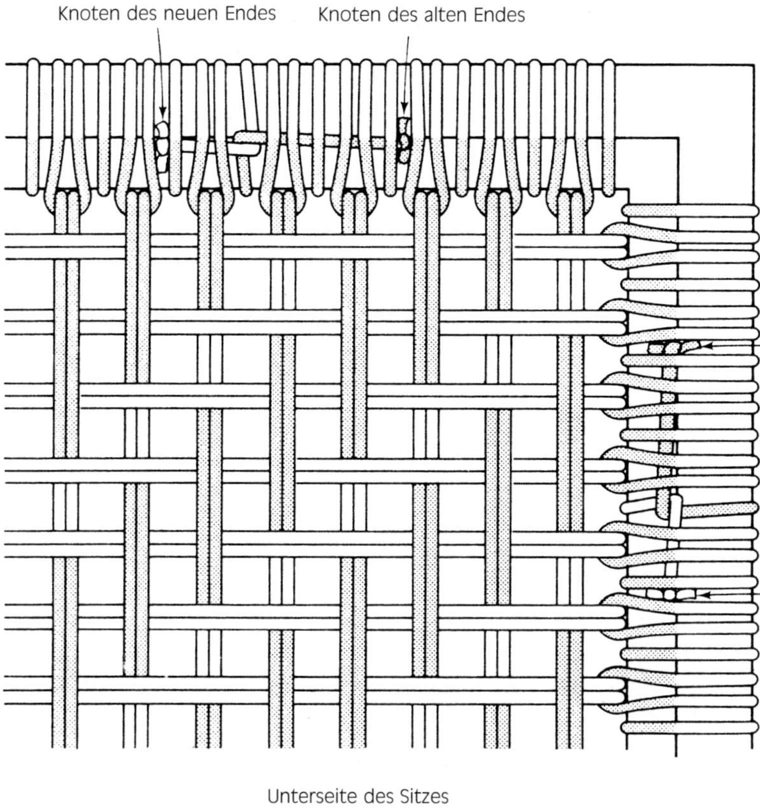

73 Unterseite einer Schnurbespannung. Die Verbindungsstellen zweier Schnüre

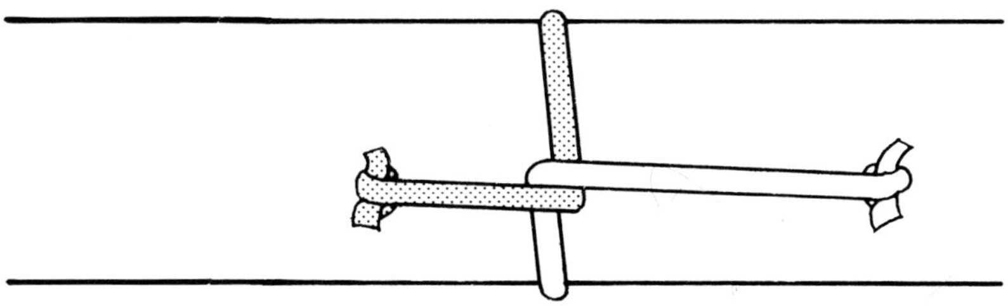

74 Verbindungsstelle der alten und neuen Schnur

über die zwei Kettfäden der Frontzarge. Danach machen Sie einen kleinen Rundschlag über die vordere Zarge, bevor Sie Ihre Schnur wieder zur hinteren Zarge führen (siehe Abb. 72). Fahren Sie mit dieser Kombination fort, wobei Sie immer zwei Kettfäden unter jedem halben Rundschlag auf der vorderen und hinteren Zarge erhalten. Zwischen jedem Paar liegt immer ein kleiner Rundschlag, der zwei Kettfadenpaare voneinander trennt.

Markieren Sie die Mitte jeder Seitenzarge mit einem kurzen Bleistiftstrich. Danach ziehen Sie die Schnur unter der rechten Seitenzarge durch und schneiden ein sehr langes Ende der Schnur ab. Jetzt fädeln Sie die Schnur in die Durchziehnadel und beginnen auf der Kette zu weben. Machen Sie zuerst einen kleinen Rundschlag um die rechte Seitenzarge, um dann unter vier Fäden (zwei Paaren) hindurchzugehen. Dann gehen Sie über vier Fäden hinweg und durchweben auf diese Weise die gesamte Breite der Sitzfläche. An der linken Seitenzarge machen Sie einen kleinen Rundschlag, danach genau wie vorher einen halben Rundschlag über die erste Reihe und ziehen die Schnur von unten nach oben durch. Legen Sie die Schnur über die linke Zarge, durch die enstandene Schlaufe hindurch, um — wie zu Beginn — anschließend über und unter denselben Kettfäden hindurchzuweben.

Wiederholen Sie den kleinen Rundschlag und die Schlaufe auf der rechten Zarge, und dann weben Sie die nächste Reihe zunächst über zwei Kettfäden, danach unter vier und über vier hinweg, was Sie wiederholen, bis Sie auf der anderen Seite der Sitzfläche angekommen sind. Als nächstes machen Sie wieder den kleinen Rundschlag und die Schlaufe, wonach Sie wieder in entgegengesetzter Richtung über und unter den gleichen Kettfäden hindurchweben. Setzen Sie Ihre Arbeit auf diese Weise fort, aber achten Sie unbedingt darauf, daß Sie bei keinem Fadenpaar die Schlaufe vergessen. Dies gilt auch für den kleinen Rundschlag zwischen jedem Paar an beiden Seitenzargen.

Entfernen Sie den Spannstab, wenn Sie ungefähr die Hälfte der Sitzfläche fertiggestellt haben. Danach führen Sie dieselben Kombinationen fort (siehe Abb. 71 und 75). Wenn Sie ungefähr ein bis zwei Meter Ihrer Schnur verbraucht haben, müssen Sie neu ansetzen. Machen Sie einen einfachen Knoten in das Ende Ihrer ersten Schnur. Einen ebensolchen machen Sie in die neue. Legen Sie die Schnüre, wie in Abb. 74 gezeigt, ineinander, so daß die Enden mit den kurzen Rundschlägen gehalten werden. Daraufhin können Sie die Arbeit mit der verlängerten Schnur fortsetzen. Die Knoten verhindern, daß die Schnurenden bei Belastung herausgezogen werden, und gleichzeitig erhalten Sie eine saubere Verbindung (siehe Abb. 74).

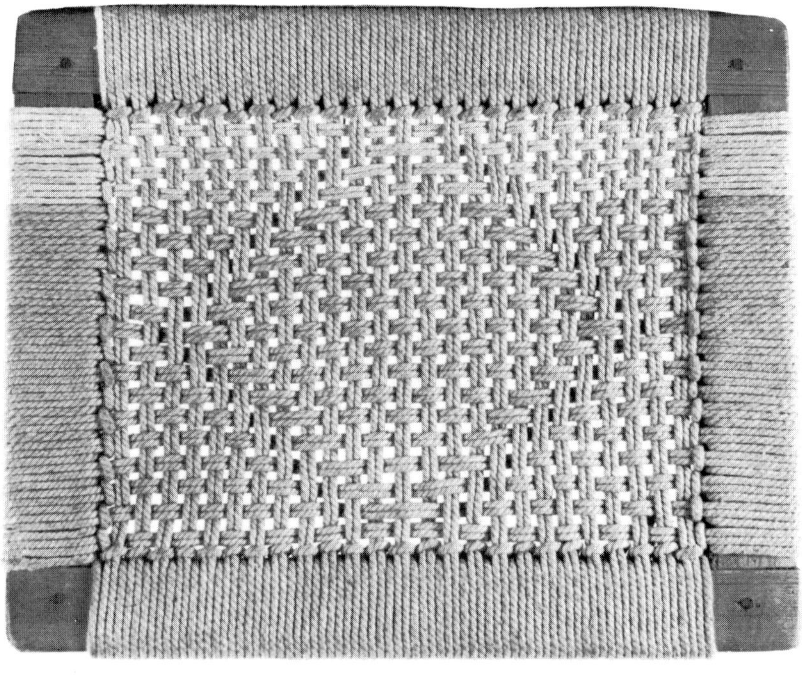

75 Mit dicker Schnur nur auf der Oberseite bespannter Sitz

Besonderheiten

Die Abb. 76 bis 81 zeigen Beispiele komplizierterer Arbeiten.

76 Ein dekorativer Stuhl mit rohrbespannter Sitzfläche und Rückenlehne, vermutlich aus Frankreich

77 Zwei englische Stühle aus dem 19. Jahrhundert mit engbeflochtenen Sitzflächen aus sehr dünnem Rohr

78 Ein kleiner Bugholz-stuhl. So wird das Sechs-Schritt-Muster auf einer kreisrunden Sitzfläche ausgeführt

79 Ein verzierter Zeitungsständer, wahrscheinlich aus Frankreich, die Seiten sind wunderbar im Sechs-Schritt-Muster bespannt. Es wurde sehr feines Rohr verarbeitet

80 Ein Schemel mit Schnurbespannung, ein interessantes Facettenmuster

81 Ein ungewöhnlicher Entwurf mit sehr feiner Schnur

Arbeitsphasen
Sechs-Schritt-Muster

Die folgenden Abbildungen
zeigen die einzelnen Arbeitsphasen
bei der Entstehung
des Sechs-Schritt-Musters.
Eine ausführliche Arbeitsanleitung finden
Sie auf den Seiten 14 bis 22.

Erster Schritt

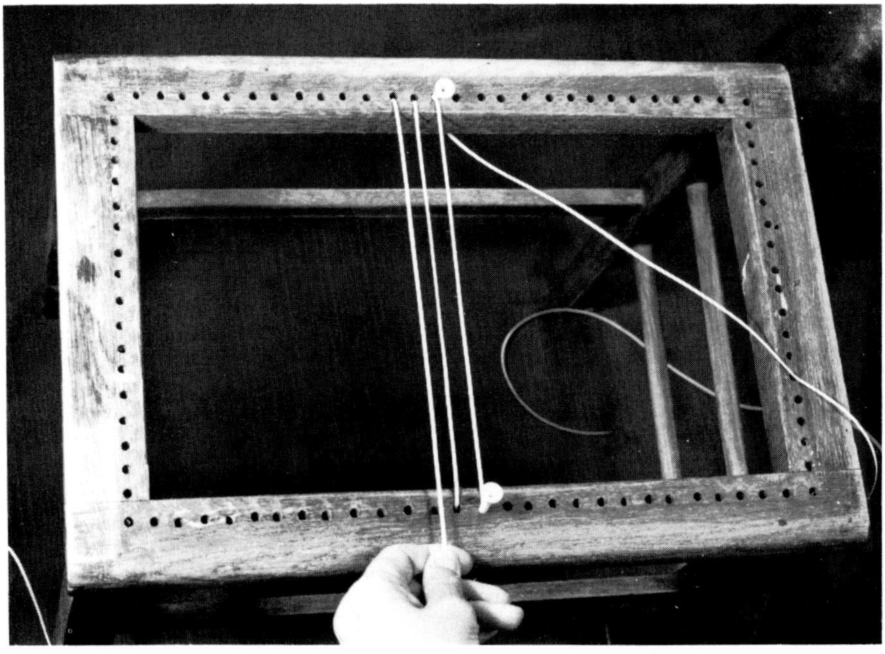

Zweiter Schritt

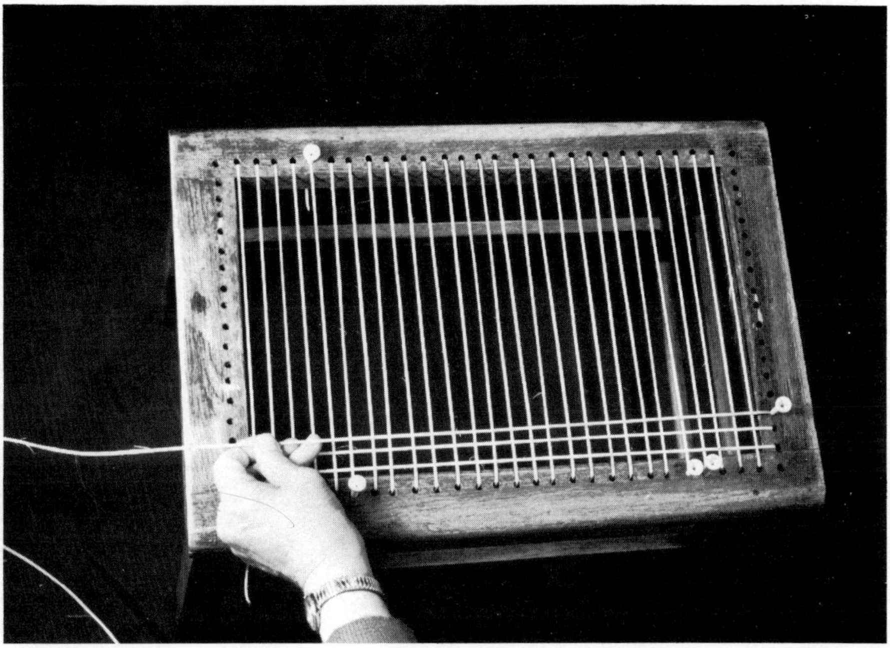

Dritter Schritt

Vierter Schritt

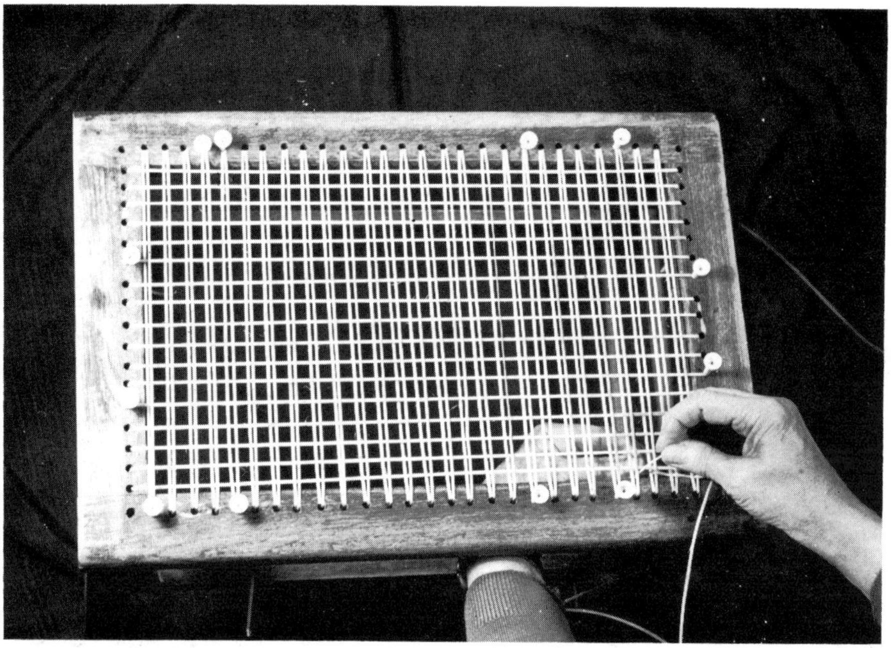

Fünfter Schritt

Werkzeuge

Rohrgeflecht

- ☐ kleine Ahle oder Pfriem (spitzes Werkzeug, um bei späteren Arbeitsschritten das Rohr vom Rahmen abheben zu können)
- ☐ Durchtreiber (Werkzeug mit stumpfer Spitze, mit dem die Löcher von altem Rohr usw. gereinigt werden)
- ☐ gebogenes Hohleisen (leicht gebogenes Werkzeug mit einer Nut in der Biegung, mit dem das Rohr zwischen anderen Schienen hochgezogen werden kann)
- ☐ Seitenschneider oder Schere
- ☐ Flach- und Rundzange (manchmal sehr nützlich, um Rohrschienen durch das Geflecht zu ziehen)
- ☐ Pflöcke (kleine angespitzte Stifte aus Holz, Weide oder Rattanmark, mit denen das Rohr während des Flechtens festgehalten wird. Sie werden auch zum Verschließen der Löcher gebraucht; Golf-Tees sind ebenfalls sehr hilfreich)

Binsengeflecht

- ☐ Schere
- ☐ Zollstock oder Maßband
- ☐ Durchziehnadel (große Nadel, gebogen und mit großem Öhr. Sie ist handlicher, wenn die Biegung abgeschnitten wird und die Nadel in einen Holzgriff eingesetzt wird. Sie brauchen sie, um die Binsen bei den letzten Arbeitsgängen durchzuziehen)
- ☐ hölzerner Stopfer (er wird zum Auspolstern der Sitzunterseite gebraucht)
- ☐ zwei kürzere Enden Leinenschnur

Weidengeflecht

- ☐ Seitenschneider
- ☐ Taschenmesser und Spalter (diese Werkzeuge werden zum Spalten der Weiden benutzt)

Worterklärungen

Einführung

Akanthusblatt
Blattornament, benannt nach der Bärenklaupflanze, beliebtes Stilmittel der Antike und antikisierender Perioden

Chippendale, Thomas
(1718—1779), berühmtester englischer Möbeldesigner, prägte den englischen Möbelstil des Rokoko

Heppelwhite, George
(gest. 1786), englischer Möbeldesigner, entwarf schlichte Möbel, die leichter und eleganter wirken als die von Chippendale

Intarsie
Einlegearbeit aus verschiedenfarbigen Hölzern oder anderen Materialien

Sheraton, Thomas
(1751—1806), berühmter englischer Möbeldesigner, übte großen Einfluß auf das englische Möbel des ausgehenden 18. Jahrhunderts aus

Rohrgeflecht

Ahle
spitzes Werkzeug, 12—15 mm lang, geeignet zum Erweitern von Bohrlöchern

Bedroom chair
in England üblicher leichter Schlafzimmerstuhl, wird meistens als Ablage benutzt

braunes Rattan
Palembang-Rohr aus Java, bedeutend härter als normaler Rattankern, daher besonders zur Herstellung von Führungsschienen geeignet

Bugholzstuhl
schlichter Stuhl aus Holz, das unter Dampf gebogen wurde, auch Thonet-Stuhl genannt. Das Verfahren ist von Michael Thonet (1796—1871) in Wien entwickelt

Doppel-Viktoria-Geflecht
Stuhlflechtwerk, kam um 1850 auf, war schneller herzustellen als das davor gebräuchliche traditionelle Achteckgeflecht

Durchtreiber
einer Ahle oder einem Schraubenzieher ähnlich mit stumpfer Spitze zum Austreiben der Pflöcke und Säubern der Bohrlöcher

Flechtrohr
aufgeschnittene Rinde des Rattans

Führungsschiene
gebogenes Rohr aus braunem Rattan, an ihm werden die einzelnen Rohrschienen verknotet

Golf-Tees
Stifte, die zum Abschlag des Golfballes in den Boden gesteckt werden

Hohlkehleisen
gebogenes Werkzeug mit kleiner Nut, erleichtert das Durchfädeln der Rohrschienen

Jacobean-Stil
Stilrichtung der Zeit James I., erste Hälfte des 17. Jahrhunderts, Möbel meist aus Eichenholz mit zurückhaltendem Dekor

Kettfaden
bei jedem Gewebe zuerst aufgespannter Längsfaden, der später mit dem Schußfaden durchwebt, in unserem Falle durchflochten wird

Mark
Kern des Rattans

Mattengewebe
geschlossenes Rohrgeflecht, wie bei Stoffgewebe sind alle zählbaren Muster auszuführen

Peddigrohr
das aufgeschnittene Mark des Rattans, wird hauptsächlich für Korbflechterei benutzt

Rattan
festes, lianenartiges Gewächs aus den tropischen Gebieten Ostasiens, Ausgangsmaterial für Flechtrohr

Rohrschiene
ein Streifen oder Faden aufgeschnittenen Rattans

Rosette
eines der ältesten Ornamentmotive, kommt in fast allen Kunstgattungen vor. Kreisrund, von einem Mittelpunkt gehen regelmäßige blütenblattähnliche Strahlen aus

Spannstab
runde oder flache Leiste, die quer über den Sitz gelegt wird, verlängert die Kettfäden etwas, schafft mehr Spiel zum Flechten

Verblendung
letzter Arbeitsgang, bei dem die Löcher im Sitzrahmen mit Flechtrohr abgedeckt werden

Verpflocken
Schließen der Löcher im Stuhlrahmen, dadurch werden gleichzeitig die Rohrschienen festgeklemmt

Verschnüren
Befestigungstechnik für die Verblendung

Zargen
die vier stabilen Umrahmungsleisten der Sitzfläche

Binsengeflecht

Ausschoppen
das Ausstopfen oder Polstern der Sitzunterseite

Durchziehnadel
lange, große Nadel mit großem Öhr zum Durchziehen der Binsen

Halbschlag
Knoten zum Einfügen von Binsen

Reffknoten
Knoten zum Verlängern von Binsen

Riedgras
feineres schilfartiges Gras

Sattlernadel
stabile, größere, leicht gebogene Nadel

Stopfholz
stumpfes Rundholz zum Ausstopfen der Sitzunterseite

Verdrehen
zwei oder mehrere Binsen werden miteinander verbunden, verdreht. Der Vorgang ähnelt dem Verzwirnen zweier Schnüre

Ziehen
bei diesem Vorgang werden die angefeuchteten Binsen fest eingewickelt und über Nacht gelagert

Weidengeflecht

Rute
einjähriger Schößling der Weide

Schalmen
das Einwickeln der Längsruten an der Innenseite des Rahmens

Sieden
Kochprozeß, bei dem die Weiden zur Entrindung vorbereitet werden und Farbe erhalten

Stake
die Längsrute, entspricht dem Kettfaden beim Weben

Tannin
Rindenfarbstoff, in der Rinde natürlich vorkommende Gerbsäure, die die Ruten durch und durch braun färbt

Zäunen
das Durchflechten der Staken

Ziehen
bei diesem Vorgang werden die angefeuchteten Weiden fest eingewickelt und über Nacht gelagert

China-Binsenschnur

Block
mehrere, eine Einheit bildende, nebeneinanderliegende Schnüre

China-Binsen
grobe Grasart aus Asien

Docke
gewickelte Handelseinheit von China-Binsenschnur

Durchziehnadel
lange Nadel mit großem Öhr zum Durchziehen der China-Binsenschnur

Rundschlag
eine vollständige Umwicklung der Zarge

Spleißen
Verbindungstechnik beim Verlängern der China-Binsenschnur

Sonstige Schnüre

Schußfaden
Schnurstrang, mit dem die Kettfäden durchwoben werden

Verlag Th. Schäfer Hannover

Handwerk und Hobby

Fach- und Sachbuchreprints

Fordern Sie unser Gesamtverzeichnis an

Verlag Th. Schäfer · Postfach 54 69 · 3000 Hannover 1 · Tel. (05 11) 99 0 99-77